JN070219

スバラシク得点できると評判の

2025年度版 快速！解答 共通テスト

数学II・B・C Part 2

馬場敬之（けいし）

マセマ出版社

◆ はじめに ◆

みなさん，こんにちは。マセマの**馬場敬之（ばばけいし）**です。これから**「2025年度版 快速！解答 共通テスト 数学Ⅱ·B·C Part2」**の講義を始めます。

共通テストは国公立大の2次試験や私立大の試験と違って，特殊な要素を沢山持っているので，**"何を"**，**"どのくらい"**，**"どのように"**勉強したらいいのか悩んでいる人が多いと思う。

また，**2022**年度の共通テスト数学**Ⅱ·B**は大幅に難化して平均点が**40**点台と異常に低くなるような場合もあるので，不安に感じている人も多いと思う。

しかし，このような状況下でも平均点よりも高い得点を取れれば志望校への合格の道が開けるわけだから，それ程心配する必要はないんだね。要は正しい方法でシッカリ対策を立て，それに従って学習していけばいいだけだからだ。

それでは共通テスト数学**Ⅱ·B·C**の特徴をまず下に列挙して示そう。

(1) マーク式の試験なので，結果だけが要求される。
(2) 制限時間が60分の短時間の試験である。
(3) 問題の難度は，各設問の前半は易しいが，最後の方の問題では2次試験レベルのものや，計算がかなり大変なものも出題される。
(4) 誘導形式の問題が多く，一般にいずれも問題文が冗長で長い。

このように限られた短い時間しか与えられていないにも関わらず**冗長な長文問題**として出題され，さらに，花子や太郎という謎のキャラクターまで登場して冗長度に拍車（はくしゃ）がかけられており，しかも，各設問の最後の方は計算量も多く，難度も2次試験レベルのものが出題されていたりするので，受験生は時間を消耗して思うように実力が出せず，低い得点しか取れなかった人も多かったと思う。

このように**奇妙な特徴**をもつ共通テストだけれど，これを確実に攻略していくための2つのポイントを次に示そう。

(ポイント1) まず，各設問毎に設定した**時間を必ず守って**解くことだね。与えられた時間内で，長文の問題であれば，冗長な部分は読み飛ばして**問題の本質**をつかみ，できるだけ問題を解き進めて深掘りし，できなかったところは最後は勘でもいいから解答欄を埋めることだ。そして，時間になると**頭をサッと切り替えて**次の問題に移り，同様のことを繰り返せばいいんだね。

ここで，決してやってはいけないことは，後半の解きづらい問題や計算の繁雑な問題にこだわって時間を消耗してしまうことだ。**5** 分や **6** 分の時間のロスが致命傷になるので「**必ず易しい問題や自分の解き得る問題をすべて解く**」ということを心がけよう。このやり方を守れば，自分の実力通りの結果を得ることができるはずだ。

(ポイント2) では次に，実力をどのように付けるか？そのために，この「**2025 年度版 快速！解答 共通テスト 数学Ⅱ･B･C Part2**」があるんだね。これで，共通テストの標準的な問題を与えられた制限時間内で必ず解けるようになるまで反復練習しよう。

以上 **2** つのポイントで，共通テストでも平均点以上の得点を得られるはずだ。しかし，難化している共通テストをさらに高得点で乗り切るために次の参考書と問題集で練習しておくことを勧める。

・「**元気が出る数学Ⅱ**」,「**元気が出る数学B**」,「**元気に伸びる数学Ⅱ･B問題集**」
(これは，**2** 次試験の易しい受験問題用の参考書と問題集だけれど，共通テストでも得点力アップが図れるはずだ。)

・「**合格！数学Ⅱ･B**」,「**合格！数学Ⅱ･B 実力UP！問題集**」
(これは，**2** 次試験の本格的な受験問題用の参考書と問題集だけれど，共通テストの最後の高難度の問題を解くためにも役に立つはずだ。)

共通テストは本当に受験生にとって，やりづらい試験であるけれど，皆さんがこれを高得点で，そして笑顔で乗り切れることをマセマ一同，いつも心より祈っている！

マセマ代表　馬場 敬之(けいし)

この **2025** 年度版では，新たに，"確率分布と統計的推測" と "複素数平面" と "式と曲線" の **3** 章を加えました。

この本で学習した後は，実践的な練習として，実際の共通テストの **5** 年分の過去問を，マセマ流に分かり易く解説した「トライアル 共通テスト 数学Ⅱ･B(･C) 過去問題集」で勉強することができます。これは，マセマ **HP** の **EC** サイトから **E** ブック(電子書籍)としてまず先行発売致します。

◆ 目次 ◆

講義 6　数列（数学 B）

Σ 計算や漸化式など，解法のパターンをマスターしよう！

講義 7　ベクトル（数学 C）

内分点・内積など，ベクトルの基本を押さえよう！

講義 8　確率分布と統計的推測（数学 B）

確率分布から，推測・検定までマスターしよう！

講義９　複素数平面（数学 C）

講義10　式と曲線（数学 C）

数　　列

Σ計算や漸化式など、解法のパターンをマスターしよう!

- ▶等差数列、等比数列、階差数列
- ▶さまざまなΣ 計算
- ▶いろいろな数列 (群数列、格子点の個数)
- ▶漸化式の解法 ($F(n+1) = r \cdot F(n)$ の利用)

講義6 数列

さァ，これから“**数列**”の解説に入ろう。数列の場合，公式が多く，計算が複雑に見えたり，またさまざまな解法のための考え方があるので，苦手意識をもっている人も多いかも知れないね。でも，逆に言えば公式を確実に使いこなせるようになり，そして，必要な解法パターンをシッカリマスターしてしまえば，確実に得点できるオススメの分野でもあるんだよ。

それでは，これから共通テストが狙ってきそうな“**数列**”の最重要テーマを下に示しておこう。

- 等差数列・等比数列(数列の和も含む)
- さまざまな Σ 計算
- いろいろな数列(群数列，格子点の個数)
- 漸化式の解法

以上の分野をシッカリ押さえておけば，本番で数列の問題に直面しても，恐いものはないはずだ。今回も，基本レベルから共通テストレベルまで，分かりやすくていねいに教えていくから，“**数列**”でも確実に高得点が取れるようになると思う。

どう？ やる気が湧いてきた？ よし！ それでは早速講義を始めよう！

● 等差数列と等比数列が数列の基本だ！

規則的に並んだ数列の中でも，等差数列（差が等しい数列）と等比数列（比が等しい数列）は最も単純なものなので，数列の基本と言えるんだ。当然共通テストでもこの等差数列と等比数列はメインテーマとして例年出題されているので，まず最初に押さえておく必要があるんだね。次の問題は，過去に出題された問題だけど，ウォーミングアップ問題だ。制限時間内に解いてみよう！

演習問題 42	制限時間 6 分	難易度 ☆	CHECK 1	CHECK 2	CHECK 3

数列 $\{a_n\}$ は初項 a，公差 d の等差数列で $a_{13}=0$ とし，$S_n=\sum_{k=1}^{n}a_k$ とおく，また，数列 $\{b_n\}$ は初項 a，公比 r の等比数列とし，$b_3=a_{10}$ とする。a と r は正の数とする。

(1) このとき $a+$ アイ $d=0$ である。また，$r=\dfrac{\text{ウ}}{\text{エ}}$ である。

(2) $S_n<0$ となるような n のうちで最小のものは オカ である。

(3) $S_{10}=25$ のとき，$a=$ キ であり，$\sum_{k=1}^{6}b_k=\dfrac{\text{クケ}}{\text{コ}}$ となる。

ヒント！ 等差数列とその和，等比数列とその和の基本問題だ。これらの公式については次のポイント・レクチャーで示そう。ここでは，与えられた条件 $a_{13}=a+12d=0$ と $ar^2=a+9d$ を基に，等差数列や等比数列の公式をうまく使って解いていけばいいんだよ。

Babaのレクチャー

等差数列と等比数列の基本公式を示そう。

(Ⅰ)等差数列

(ⅰ)等差数列 $\{a_n\}$ は，初項 a，公差 d とおくと，

$$\begin{array}{cccccc} a_1, & a_2, & a_3, & a_4, & \cdots\cdots, & \boxed{a_n}, \cdots\cdots \\ a, & a+1\cdot d, & a+2d, & a+3d, & \cdots\cdots, & a+(n-1)d, \cdots\cdots \end{array}$$

の形をしてるので，

一般項 $a_n = a+(n-1)d \ (n=1,\ 2,\ 3,\ \cdots)$ となる。

(ⅱ)等差数列の和

初項 a，公差 d の等差数列 $\{a_n\}$ の初項から第 n 項までの和 S_n の公式は，

項数　初項 a　末項 $a_n = a+(n-1)d$

$$S_n = a_1 + a_2 + \cdots + a_n = \frac{n(a_1 + a_n)}{2} = \frac{n\{2a+(n-1)d\}}{2}$$

となる。

(Ⅱ)等比数列

(ⅰ)等比数列 $\{a_n\}$ は，初項 a，公比 r とおくと，

$$\begin{array}{cccccc} a_1, & a_2, & a_3, & a_4, & \cdots\cdots, & \boxed{a_n}, \cdots\cdots \\ a, & ar^1, & a\cdot r^2, & a\cdot r^3, & \cdots\cdots, & a\cdot r^{n-1}, \cdots\cdots \end{array}$$

の形をしているので，一般項 $a_n = ar^{n-1} \ (n=1,\ 2,\ 3,\ \cdots)$ となる。

(ⅱ)等比数列の和

初項 a，公比 r の等比数列 $\{a_n\}$ の初項から第 n 項までの和 S_n の公式は，

これは項数

$$S_n = a_1 + a_2 + \cdots + a_n = \begin{cases} \dfrac{a(1-r^{n})}{1-r} & (r \neq 1 \text{ のとき}) \\ na & (r = 1 \text{ のとき}) \end{cases}$$

となるんだね。確実に頭に入れておこう！

解答＆解説

ココがポイント

数列 $\{a_n\}$ は初項 a，公差 d の等差数列より，一般項 $a_n = a + (n-1)d$ ……① $(n = 1, 2, \cdots)$ となり，

数列 $\{b_n\}$ は初項 a，公比 r の等比数列より，一般項 $b_n = a \cdot r^{n-1}$ ……② $(n = 1, 2, \cdots)$ となるね。

$(a > 0, \ r > 0)$

(1) (ⅰ) 条件 $a_{13} = 0$ より，

$a + 12d = 0$ ……③ …………(答)(アイ)　⇦ ①より，$a_{13} = a + 12d$

(ⅱ) 条件 $b_3 = a_{10}$ より，

$ar^2 = a + 9d$ ……④　⇦ ②より，$b_3 = ar^2$　①より，$a_{10} = a + 9d$

③より，$d = -\dfrac{a}{12}$ ……③´

③´を④に代入して，

$$ar^2 = a + 9 \cdot \left(-\frac{a}{12}\right), \quad ar^2 = \frac{1}{4}a$$

ここで，$a > 0$ より，この両辺を a で割って，

$r^2 = \dfrac{1}{4}$　$\therefore r = \sqrt{\dfrac{1}{4}} = \dfrac{1}{2}$ ………(答)(ウ，エ)　⇦ $r > 0$ より $r = -\dfrac{1}{2}$ は不適！

(2) $S_n = a_1 + a_2 + \cdots\cdots + a_n$

$$= \frac{n\{2a + (n-1)d\}}{2}$$

（d に $\left(-\dfrac{a}{12}\right)$ (③´より)）　⇦ 等差数列の和の公式

$$= \frac{n\left\{2a - \dfrac{a}{12}(n-1)\right\}}{2}$$

$$= \frac{na}{24}\{24 - (n-1)\}$$

分子・分母に12をかけて{ }から a をくくり出した。

$\therefore S_n = \frac{na}{24}(25-n)$ ……⑤ $(n=1,\ 2,\ \cdots)$

$S_n = \boxed{\frac{na}{24}(25-n) < 0}$ のとき，

⊕

$25-n<0 \quad \therefore n>25$

$\therefore S_n<0$ をみたす最小の自然数 n は 26 である。

………(答)(オカ)

⇦ $n=1,\ 2,\ \cdots>0$
$a>0$ より，
$\frac{na}{24}>0$ だね。よって両辺を $\frac{na}{24}$ で割れる！

(3) $S_{10}=25$ のとき，⑤より，

$S_{10} = \boxed{\frac{10a}{24}(25-10)=25}$

⇦ ⑤の n に 10 を代入して，
$S_{10}=\frac{10a}{24}(25-10)$

$\frac{10\times15}{24}a=25 \quad \therefore a=4$ ……………(答)(キ)

⇦ $a=\frac{\overset{5}{\cancel{25}}\times24}{\underset{2}{\cancel{10}}\times\underset{3}{\cancel{15}}}$
$=\frac{24}{6}=4$

このとき，

$$\sum_{k=1}^{6} b_k = \underset{b_1}{a} + \underset{b_2}{ar} + \underset{b_3}{ar^2} + \cdots + \underset{b_6}{ar^5}$$

$$= \frac{a(1-r^6)}{1-r}$$

⇦ 等比数列の和の公式
$(r \neq 1$ のとき$)$

$$= \frac{4\left\{1-\left(\frac{1}{2}\right)^6\right\}}{1-\frac{1}{2}} \quad \left(\because a=4,\ r=\frac{1}{2}\right)$$

分子・分母に 2^6 をかけて

$$= \frac{4(\overset{64}{2^6}-1)}{32} = \frac{63}{8}$$ ………………………(答)
(クケ，コ)

どうだった？ うまく制限時間内に解けた？

● Σ (シグマ) 計算に強くなろう！

共通テストでは，Σ 計算が非常によく出題されると予想される。だから，その基本計算をシッカリとマスターしておく事が大切だよ。

演習問題 43	制限時間 9 分	難易度 ★★	CHECK1	CHECK2	CHECK3

(1) $1^2+3^2+5^2+\cdots+(2n-1)^2$

$$=\frac{1}{\boxed{ア}}n\left(\boxed{イ}n+\boxed{ウ}\right)\left(\boxed{エ}n-\boxed{オ}\right)$$ である。

(2) $1+3+3^2+\cdots+3^{n+1}=\frac{1}{\boxed{カ}}\left(3^{n+\boxed{キ}}-\boxed{ク}\right)$ である。

(3) $\sum_{k=1}^{n}\frac{2}{k(k+1)(k+2)}=\frac{n\left(n+\boxed{ケ}\right)}{\boxed{コ}\left(n+\boxed{サ}\right)\left(n+\boxed{シ}\right)}$ である。

(4) $\sum_{k=1}^{n}k\cdot2^{k-1}=\left(n-\boxed{ス}\right)\boxed{セ}^n+\boxed{ソ}$ である。

ヒント！ (1) $a_n=(2n-1)^2$ とおいて，$\sum_{k=1}^{n}a_k$ を求めるんだ。(2) では項数に注意しよう。(3) $\frac{2}{k(k+1)(k+2)}=\frac{1}{k(k+1)}-\frac{1}{(k+1)(k+2)}$ と部分分数に分解する。

(4) $S_n=\sum_{k=1}^{n}k\cdot2^{k-1}$ とおいて，$S_n-\boxed{2}\cdot S_n$ (公比) を計算すればいい。

Baba のレクチャー

Σ 計算の公式を使いこなそう！

$$\sum_{k=1}^{n}a_k=a_1+a_2+a_3+\cdots+a_n$$

これが Σ 計算だ！ k の値を $1, 2, \cdots, n$ と動かしたものの和をとるんだ。

Σ 計算の基本公式

(1) $\sum_{k=1}^{n} k = 1+2+3+\cdots+n = \frac{1}{2}n(n+1)$

(2) $\sum_{k=1}^{n} k^2 = 1^2+2^2+3^2+\cdots+n^2 = \frac{1}{6}n(n+1)(2n+1)$

(3) $\sum_{k=1}^{n} k^3 = 1^3+2^3+3^3+\cdots+n^3 = \frac{1}{4}n^2(n+1)^2$

(4) $\sum_{k=1}^{n} \boxed{c} = \underbrace{c+c+c+\cdots+c}_{n\text{個の}c\text{の和}} = nc$　（c：定数）

(5) $\sum_{k=1}^{n} ar^{k-1} = a+ar+ar^2+\cdots+ar^{n-1} = \frac{a(1-r^n)}{1-r}$　$(r \neq 1)$　（等比数列の和）

(6) $\sum_{k=1}^{n} \frac{1}{k(k+1)} = \frac{1}{1\cdot 2}+\frac{1}{2\cdot 3}+\frac{1}{3\cdot 4}+\cdots+\frac{1}{n(n+1)} = \frac{n}{n+1}$

Σ 計算の性質

(1) $\sum_{k=1}^{n}(a_k \pm b_k) = \sum_{k=1}^{n} a_k \pm \sum_{k=1}^{n} b_k$　（たし算，引き算の場合，項別に Σ 計算できる。）

(2) $\sum_{k=1}^{n} \boxed{c}\cdot a_k = \boxed{c}\sum_{k=1}^{n} a_k$　（c：定数）（定数 c は Σ の外にくくり出せる。）

基本公式の (1) ～ (5) は文字通り公式として覚えて，Σ 計算の性質と合わせて，自由に使いこなしてくれ。

それで，(6) の公式については，これは公式というよりも，“部分分数分解型の Σ 計算”の 1 つの例だと考えて，これから書く導き方をマスターするといい。

(6) $\displaystyle\sum_{k=1}^{n}\frac{1}{k(k+1)}=\sum_{k=1}^{n}\left(\frac{1}{k}-\frac{1}{k+1}\right)$ 　（$\frac{1}{k}=I_k$, $\frac{1}{k+1}=I_{k+1}$）

これを"部分分数に分解する"というんだよ。

$=\left(\frac{1}{1}-\frac{1}{2}\right)+\left(\frac{1}{2}-\frac{1}{3}\right)+\left(\frac{1}{3}-\frac{1}{4}\right)+\cdots+\left(\frac{1}{n}-\frac{1}{n+1}\right)$

（$k=1$ のとき）（$k=2$ のとき）（$k=3$ のとき）（$k=n$ のとき）

$=1-\frac{1}{n+1}=\frac{n+1-1}{n+1}=\frac{n}{n+1}$ 　となって，答えだ。

部分分数分解型の Σ 計算では，$\displaystyle\sum_{k=1}^{n}(I_k-I_{k+1})$ や $\displaystyle\sum_{k=1}^{n}(I_{k+1}-I_k)$ などの形になるのが特徴で，途中の項がバサバサッと全部消えてしまうんだ。

解答＆解説

(1) $S_n=1^2+3^2+5^2+\cdots+(2n-1)^2$ とおき，

さらに，$a_n=(2n-1)^2$ とおくと，

$S_n=\displaystyle\sum_{k=1}^{n}a_k=\sum_{k=1}^{n}(2k-1)^2=\sum_{k=1}^{n}(4k^2-4k+1)$

（Σ 計算の性質(1)と(2)を使った。）

$=4\displaystyle\sum_{k=1}^{n}k^2-4\sum_{k=1}^{n}k+\sum_{k=1}^{n}1$

（$\displaystyle\sum_{k=1}^{n}k^2=\frac{1}{6}n(n+1)(2n+1)$，$\displaystyle\sum_{k=1}^{n}k=\frac{1}{2}n(n+1)$，$\displaystyle\sum_{k=1}^{n}1=n\cdot 1$　Σ 計算の公式(1), (2), (4)を使った。）

$=\frac{2}{3}n(n+1)(2n+1)-2n(n+1)+n$

$=\frac{1}{3}n\{2(n+1)(2n+1)-6(n+1)+3\}$

$=\frac{1}{3}n(2n+1)(2n-1)$ ……………………（答）

（ア，イ，ウ，エ，オ）

ココがポイント

⇦ $n=1$ のとき
$a_1=(2\cdot 1-1)^2=1^2$
$n=2$ のとき
$a_2=(2\cdot 2-1)^2=3^2$
$n=3$ のとき
$a_3=(2\cdot 3-1)^2=5^2$
……………
となるんだね。

⇦ $\frac{1}{3}n(4n^2+6n+2-6n-3)$
$=\frac{1}{3}n(4n^2-1)$ となる。

(2) $S=1+3+3^2+\cdots+3^{n+1}$ とおくと，S は，初項 $a=1$，公比 $r=3$ の等比数列の和であることが分かる。

ここで，$S=3^{\boxed{0}}+3^1+3^2+\cdots+3^{\boxed{n+1}}$ とおくと，（最初の数）（最後の数）

この数列の和の項数は，

$(n+1)-0+1=n+2$ となる。（最後の数）（最初の数）（項数）

よって，求める数列の和 S は，

$$S=\frac{1\cdot(1-3^{n+2})}{1-3}=\frac{1}{2}(3^{n+2}-1)$$ ………(答)（カ，キ，ク）

（項数）

⇦ 一般に $a^0=1$ だよ。だから，$\left(\frac{1}{2}\right)^0=5^0=100^0=1$ だ。

⇦ 初項 a，公比 r $(r\neq1)$ の等比数列の和 S は，$S=\frac{a(1-r^{\square})}{1-r}$（項数がくる）

Babaのレクチャー

数列の和では，項数がポイントだ！

たとえば，③，4，5，…，⑨ は，何項あるかと聞かれれば指折り数えて，7 項あるのが分かるね。でも，この（最後の数）−（最初の数），すなわち $9-3$ を計算しても 6 にしかならないんだね。これから項数を計算するには，1 刻みに増えていく数をもとにして，

（最後の数）−（最初の数）＋1 項になると覚えておくといいんだね。

(3) $\sum_{k=1}^{n}\frac{2}{k(k+1)(k+2)}$ の $\frac{2}{k(k+1)(k+2)}$ は次のように部分分数に分解できる。

$$\frac{2}{k(k+1)(k+2)}=\frac{1}{k(k+1)}-\frac{1}{(k+1)(k+2)}$$

（部分分数に分解！）

よって，

⇦ 右辺を通分すると，ナルホド左辺になる。右辺は，$\frac{(k+2)-k}{k(k+1)(k+2)}$ だからね。

$$\sum_{k=1}^{n}\left\{\frac{1}{k(k+1)}-\frac{1}{(k+1)(k+2)}\right\}$$

$$=\left(\boxed{\frac{1}{1\cdot2}}-\frac{1}{2\cdot3}\right)+\left(\frac{1}{2\cdot3}-\frac{1}{3\cdot4}\right)+\left(\frac{1}{3\cdot4}-\frac{1}{4\cdot5}\right)$$

$$+\cdots+\left(\frac{1}{n(n+1)}\boxed{-\frac{1}{(n+1)(n+2)}}\right)$$

$$=\frac{1}{2}-\frac{1}{(n+1)(n+2)}=\frac{(n+1)(n+2)-2}{2(n+1)(n+2)}$$

$$=\frac{n(n+3)}{2(n+1)(n+2)}$$ ………(答)(ケ, コ, サ, シ)

⇦ $I_k=\frac{1}{k(k+1)}$ とおくと $I_{k+1}=\frac{1}{(k+1)(k+1+1)}=\frac{1}{(k+1)(k+2)}$ となるんだね。

(4) $S_n=\sum_{k=1}^{n}k\cdot2^{k-1}$ とおく。これを並べて書くと，（k：等差数列，2^{k-1}：等比数列）

⇦ これは，等差数列と等比数列の積の和だね。

$$S_n=1\cdot1+2\cdot2+3\cdot2^2+4\cdot2^3+\cdots+n\cdot2^{n-1}\quad\cdots\cdots①$$

（等差　等比）

①の両辺に，等比数列の公比 $\boxed{2}$ をかけると，

$$\boxed{2}S_n=\quad1\cdot2+2\cdot2^2+3\cdot2^3+\cdots+(n-1)\cdot2^{n-1}+n\cdot2^n\quad\cdots\cdots②$$

（公比）

①－②より，

$$(1-2)S_n=\boxed{1}+2^1+2^2+2^3+\cdots+2^{\boxed{n-1}}-n\cdot2^n$$

（最初の数 $1=2^{\boxed{0}}$，最後の数 $2^{\boxed{n-1}}$）

(初項 $a=1$，公比 $r=2$，項数 $\boxed{n}$ の等比数列の和)

⇦ $1+2+2^2+\cdots+2^{n-1}$ の部分の項数は，$n-1-0+1=\boxed{n}$ だ。

$$-S_n=\frac{1\cdot(1-2^n)}{1-2}-n\cdot2^n=2^n-1-n\cdot2^n$$

この両辺に -1 をかけて，

$$S_n=n\cdot2^n-2^n+1=(n-1)\cdot2^n+1$$

………(答)(ス, セ, ソ)

以上で，Σ 計算の練習は終了だ。いよいよこれから実践的な問題に入るから，その前にシッカリ復習しておこう。

● 部分分数分解型の応用問題では，$I_k - I_{k+1}$ の形を探せ！

それでは，本格的な過去問を解いてみよう。ここでは，部分分数分解型の Σ 計算も出てくるよ。応用力を磨くのに最適な問題だ。

演習問題 44	制限時間 10 分	難易度	CHECK1	CHECK2	CHECK3

公差 d の等差数列 $\{a_n\}$ の初項 a_1 から第 n 項 a_n までの和 S_n を定数 p，q，r を用いて $S_n = pn^2 + qn + r \quad (n = 1, 2, 3, \cdots)$ と表す。このとき

$p = \dfrac{\boxed{ア}}{\boxed{イ}}d$，$r = \boxed{ウ}$ である。

特に，$p = 2$，$q = 3$ となるのは $a_1 = \boxed{エ}$ のときであり，一般項 a_n は

$a_n = \boxed{オ}n + \boxed{カ}$ である。これより

$$a_1a_2 + a_2a_3 + \cdots + a_na_{n+1} = \frac{n\left(\boxed{キク}n^2 + \boxed{ケコ}n + \boxed{サシ}\right)}{\boxed{ス}}$$ である。

$$\frac{1}{a_1a_2} + \frac{1}{a_2a_3} + \cdots + \frac{1}{a_na_{n+1}} = \frac{n}{\boxed{セ}\left(\boxed{ソ}n + \boxed{タ}\right)}$$ が成り立つ。

ヒント！ 初項 a_1，公差 d の等差数列 $\{a_n\}$ の初項から第 n 項までの和 S_n は，$S_n = \dfrac{n\{2a_1 + (n-1)d\}}{2}$ だから，これを n でまとめると，n の 2 次式になる。これと $S_n = pn^2 + qn + r$ を係数比較するんだね。さらに p，q の値から，一般項 a_n が求まるね。これから，与えられた 2 つの Σ 計算を行うんだけど，2 番目は部分分数分解型になるんだよ。

解答＆解説

ココがポイント

初項 a_1，公差 d の等差数列 $\{a_n\}$ の初項から第 n 項までの和 S_n は，公式により次式で表される。

$$S_n = \frac{n\{2a_1+(n-1)d\}}{2}$$

$$= \frac{d}{2}n^2 + \left(a_1 - \frac{d}{2}\right)n \quad \cdots\cdots①$$

⇦ $S_n = \frac{1}{2}n\{nd+(2a_1-d)\}$
$= \frac{d}{2}n^2 + \frac{2a_1-d}{2}n$ だ。

ここで，S_n は次のように与えられているね。

$$S_n = \underset{\frac{d}{2}}{p}n^2 + \underset{a_1-\frac{d}{2}}{q}n + \underset{0}{r} \quad \cdots\cdots②$$

①，②の各係数を比較して，

$p = \frac{1}{2}d$，$q = a_1 - \frac{d}{2}$，$r = 0$ ……(答)(ア，イ，ウ)

ここで，$p=2$，$q=3$ のとき，

$d=4$，$a_1=5$ だね。……………………………(答)(エ)

⇦ $p = \frac{1}{2}d$ より，$2 = \frac{1}{2}d$
$\therefore d = 4$ だ。
また，$q = a_1 - \frac{d}{2}$ より，
$3 = a_1 - \frac{4}{2}$　$\therefore a_1 = 5$

以上より，一般項 a_n は，

$a_n = \underset{a_1}{5} + (n-1)\cdot\underset{d}{4} = 4n+1$ となる。 ………(答)(オ，カ)

さァ，いよいよ Σ 計算に入ろう。

(ⅰ) $a_1a_2 + a_2a_3 + \cdots + a_na_{n+1} = \sum_{k=1}^{n} a_ka_{k+1}$ とおける。

(a_1a_2：$k=1$ のとき，a_2a_3：$k=2$ のとき，a_na_{n+1}：$k=n$ のとき)

$$\therefore \sum_{k=1}^{n} a_ka_{k+1} = \sum_{k=1}^{n}(4k+1)(4k+5)$$

⇦ $a_n = 4n+1$ だから，
$a_k = 4k+1$ （n に $k+1$ を代入）
$a_{k+1} = 4(k+1)+1$
$= 4k+5$ だ。

$$= \sum_{k=1}^{n}(16k^2+24k+5)$$

$$= 16\underbrace{\sum_{k=1}^{n}k^2}_{\frac{1}{6}n(n+1)(2n+1)} + 24\underbrace{\sum_{k=1}^{n}k}_{\frac{1}{2}n(n+1)} + \underbrace{\sum_{k=1}^{n}5}_{n\cdot 5}$$

⇦ Σ 計算の基本公式 (1)，(2)，(4) を使ったんだ。

$$= \frac{8}{3}n(n+1)(2n+1)+12n(n+1)+5n$$

$$= \frac{n}{3}\{8(n+1)(2n+1)+36(n+1)+15\}$$

$$= \frac{n(16n^2+60n+59)}{3}$$ ……………………(答)

（キク，ケコ，サシ，ス）

(ii) 同様に，次の数列の和も Σ 計算にもち込める。

$$\sum_{k=1}^{n}\frac{1}{a_k a_{k+1}} = \sum_{k=1}^{n}\frac{1}{(4k+1)(4k+5)}$$

部分分数に分解した！

$$= \frac{1}{4}\sum_{k=1}^{n}\left(\frac{1}{4k+1}-\frac{1}{4k+5}\right)$$

I_k　　I_{k+1}

ここで，$I_k = \dfrac{1}{4k+1}$ とおくと，$I_{k+1} = \dfrac{1}{4k+5} = \dfrac{1}{4(k+1)+1}$

だね。よって，与式は，

$$与式 = \frac{1}{4}\sum_{k=1}^{n}(I_k - I_{k+1})$$

$$= \frac{1}{4}\{(I_1 - I_2)+(I_2 - I_3)+(I_3 - I_4)+\cdots$$

$k=1$ のとき　$k=2$ のとき　$k=3$ のとき

$$\cdots+(I_n - I_{n+1})\}$$

$k=n$ のとき

$$= \frac{1}{4}(I_1 - I_{n+1}) = \frac{1}{4}\left(\frac{1}{5}-\frac{1}{4n+5}\right)$$

$\left(\frac{1}{5} = \frac{1}{4\cdot1+1},\ \frac{1}{4n+5} = \frac{1}{4(n+1)+1}\right)$

$$= \frac{1}{4}\times\frac{(4n+5)-5}{5(4n+5)} = \frac{n}{5(4n+5)}$$ …(答)

（セ，ソ，タ）

⇦ $\dfrac{1}{4k+1}-\dfrac{1}{4k+5}$

$= \dfrac{4k+5-(4k+1)}{(4k+1)(4k+5)}$

$= \dfrac{4}{(4k+1)(4k+5)}$

よって，

$\dfrac{1}{(4k+1)(4k+5)}$

$= \dfrac{1}{4}\left(\dfrac{1}{4k+1}-\dfrac{1}{4k+5}\right)$

だね。

(ii) の部分分数分解型の Σ 計算の意味はつかめた？

● 数列の応用問題も解いてみよう！

次の問題も過去に出題された問題だ。S_n から a_n を求めたり，また，群数列の和を求めたり，面白い要素の入った問題だ。チャレンジしてごらん。

演習問題 45	制限時間 12 分	難易度 ★★	CHECK 1	CHECK 2	CHECK 3

(1) 数列 $\{a_n\}$ の初項から第 n 項までの和 $S_n = \sum_{k=1}^{n} a_k$ が

$S_n = -n^2 + 24n \quad (n = 1,\ 2,\ 3,\ \cdots)$ で与えられるものとする。

このとき $a_1 =$ [アイ]，$a_2 =$ [ウエ] である。

また $a_n < 0$ となる自然数 n の値の範囲は $n \geqq$ [オカ] であり，

$\sum_{k=1}^{40} |a_k| =$ [キクケ] となる。

(2) 初項 1，公比 3 の等比数列を $\{b_k\}$ とおく，各自然数 n に対して，

$b_k \leqq n$ を満たす最大の b_k を c_n とおく。例えば，$n = 5$ のとき $b_2 = 3$，

$b_3 = 9$ であり，$b_1 < b_2 \leqq 5 < b_3 < b_4 < \cdots$ なので $c_5 = b_2 = 3$ である。

(i) $c_{10} =$ [コ] であり，$c_n = 27$ である自然数 n は全部で [サシ] 個ある。

(ii) $\sum_{k=1}^{30} c_k =$ [スセソ] である。

ヒント！ (1) $S_n = a_1 + a_2 + \cdots + a_n = (n$ の式$)$ で与えられている場合，$n \geqq 2$ で a_n は $a_n = S_n - S_{n-1}$ と求められるんだね。(2) まず問題文をよく読むことだ。数列 $\{b_k\}$ は，初項 1，公比 3 の等比数列より，$b_1 = 1$，$b_2 = 3$，$b_3 = 9$，$b_4 = 27$，$b_5 = 81$，$\cdots$ となる。ここで，$b_k \leqq n$ をみたす最大の b_k が c_n なので，

$b_1 = 1 \leqq 1$ より，$c_1 = \underset{b_1}{\boxed{1}}$，$b_1 = 1 \leqq 2$ より $c_2 = \underset{b_1}{\boxed{1}}$，$b_1 < b_2 = 3 \leqq 3$ より $c_3 = \underset{b_2}{\boxed{3}}$，$\cdots$ となる。要領をシッカリつかむことが重要だ！

Baba のレクチャー

S_n から a_n を求めよう！

何か（n の式）

$S_n = a_1 + a_2 + \cdots + a_n = f(n)$　$(n = 1,\ 2,\ \cdots)$ が与えられている場合，

$$\begin{cases} (\text{i})\ a_1 = S_1 \\ (\text{ii})\ n \geqq 2 \text{ のとき，} a_n = S_n - S_{n-1} \text{ となる。} \end{cases}$$

$S_3 = a_1 + a_2 + a_3$，$S_2 = a_1 + a_2$ より，$S_1 = a_1$ だね。

$n = 1$ のとき，$a_1 = S_1 - S_0$ となって，S_0 を定義できないのでこれを除く。

解答＆解説

(1) $S_n = a_1 + a_2 + \cdots + a_n$ が

$S_n = -n^2 + 24n$　$(n = 1,\ 2,\ \cdots)$

で与えられているので，

(i) $a_1 = S_1 = -1^2 + 24 \cdot 1 = 23$ ……(答)(アイ)

(ii) $n \geqq 2$ のとき，

$a_n = S_n - S_{n-1}$

$= -n^2 + 24n - \{-(n-1)^2 + 24(n-1)\}$

$= -n^2 + 24n + (n^2 - 2n + 1) - 24(n-1)$

$= 25 - 2n$

これは，$n = 1$ のとき $a_1 = 25 - 2 \cdot 1 = 23$

となってみたす。

以上(i)(ii)より，一般項 a_n は，

$a_n = 25 - 2n$ ……①　$(n = 1,\ 2,\ \cdots)$

$n = 2$ のとき①より，

$a_2 = 25 - 2 \cdot 2 = 21$ ………………(答)(ウエ)

$a_n = \boxed{25 - 2n < 0}$　のとき，$n > \dfrac{25}{2}$

ココがポイント

⇦ $S_n = f(n)$ より
$\begin{cases} (\text{i})\ a_1 = S_1 \\ (\text{ii})\ n \geqq 2 \text{ で} \\ \quad a_n = S_n - S_{n-1} \end{cases}$
だね。

⇦ $S_n = -n^2 + 24n$ の n に $n-1$ を代入して，
$S_{n-1} = -(n-1)^2 + 24(n-1)$
となる。

⇦ 数列 $\{a_n\}$ は
23，21，19，17，…
となって，初項 $a = 23$，公差 -2 の等差数列だね。

$\therefore a_n \geqq 0$ となる n の範囲は $n \leqq 12$ であり，

$a_n < 0$ となる n の範囲は $n \geqq 13$ だ。………(答)
(オカ)

⇦ $\{a_n\}$ は，
$23, \cdots, \underset{a_{12}}{1}, \underset{a_{13}}{-1}, -3, \cdots$

よって，求める数列の和は，

$$\sum_{k=1}^{40}|a_k| = \sum_{k=1}^{12}|\underbrace{a_k}_{25-2k}| + \sum_{k=13}^{40}|\underbrace{a_k}_{-(25-2k)}|$$

(+)　(−)

⇦ $k \geqq 13$ では $a_k < 0$ より，
$|a_k| = -a_k = -(25-2k)$
となる！

$$= \sum_{k=1}^{12}(25-2k) + \sum_{k=13}^{40}(2k-25)$$

$23+21+\cdots+3+1$（初項 23，末項 1）（項数＝12）

$1+3+5+\cdots+55$（初項 1，末項 55）（項数＝28）

⇦ $a_{13}+a_{14}+\cdots+a_{40}$ の場合
$40-13+1=28$ 項の和になる。

$$= \frac{12(23+1)}{2} + \frac{28(1+55)}{2}$$

⇦ 等差数列の和
$\dfrac{(項数)\{(初項)+(末項)\}}{2}$

$= 6\times24+14\times56 = 928$…(答)(キクケ)

(2) 数列 $\{b_k\}$ は，初項 1，公比 3 の等比数列より，

$b_1=1,\ b_2=3,\ b_3=9,\ b_4=27,\ \cdots$　だね。

ここで，$b_k \leqq n$ をみたす最大の b_k を c_n とおく。

Baba のレクチャー

c_n の定義より，$n=1,\ 2$ のとき，

$b_1=1\leqq 1$ より $c_1=\underset{}{\overset{1}{b_1}}$，$b_1=1\leqq 2$ より $c_2=\overset{1}{b_1}$ となるのはいいね。

でも，$n=3,\ 4,\ \cdots,\ 8$ となると，

$b_2=3\leqq 3,\ b_2=3\leqq 4,\ \cdots,\ b_2=3\leqq 8\ \ (<b_3=9)$　となるので，

$c_3=c_4=c_5=\cdots\cdots=c_8=\overset{3}{b_2}$　となる。

さらに，$n=9,\ 10,\ \cdots,\ 26$ のとき，

$b_3=9\leqq 9,\ b_3=9\leqq 10,\ \cdots,\ b_3=9\leqq 26\ \ (<b_4=27)$　となるので

$c_9=c_{10}=c_{11}=\cdots\cdots=c_{26}=\overset{9}{b_3}$　となる。

次に $n=27$, 28, …, 80 のとき，

$b_4=27 \leqq 27$, $b_4=27 \leqq 28$, …, $b_4=27 \leqq 80$ $(<b_5=81)$ より，

$c_{27}=c_{28}=c_{29}=\cdots\cdots=c_{80}=\underset{}{\overset{27}{\boxed{b_4}}}$ となるんだね。要領はつかめた？

すると，$\{c_n\}$ の定義から

$c_1=c_2=1 \quad (=b_1)$

$c_3=c_4=\cdots\cdots=c_8=3 \quad (=b_2)$ ⇦ $8-3+1=6$ 項

$c_9=c_{10}=\cdots\cdots=c_{26}=9 \quad (=b_3)$ ⇦ $26-9+1=18$ 項

$c_{27}=c_{28}=\cdots\cdots=c_{80}=27 \quad (=b_4)$ となる。 ⇦ $80-27+1=54$ 項

(ⅰ) ∴ $c_{10}=b_3=9$ だね。 ……………………(答)(コ)

$c_n=27$ となるのは

c_{27}, c_{28}, c_{29}, …, c_{80} なので，これは全部で

$\underbrace{80}_{\text{最後の数}}-\underbrace{27}_{\text{最初の数}}+1=81-27=54$ 個ある。

………(答)(サシ)

(ⅱ) 同様に

- $c_n=1$ となるのは，c_1, c_2 の 2 個
- $c_n=3$ となるのは，c_3, ……, c_8 の 6 個
- $c_n=9$ となるのは，c_9, ……, c_{26} の 18 個

(・ $c_n=27$ となるのは，c_{27}, ……, c_{80} の 54 個)

なので，求める数列の和は，

$$\sum_{k=1}^{30} c_k=\underbrace{1+1}_{c_1+c_2}+\underbrace{3+\cdots+3}_{c_3+\cdots+c_8\ (6\text{項})}+\underbrace{9+\cdots+9}_{c_9+\cdots+c_{26}\ (18\text{項})}+\underbrace{27+27+27+27}_{c_{27}+c_{28}+c_{29}+c_{30}\ (4\text{項})}$$

$$=\underbrace{2\times1+6\times3}_{20}+\underbrace{18\times9+4\times27}_{9\times(18+12)=270}=290$$ となる。 …(答)(スセソ)

● 群数列も典型問題を解いておこう！

次は，群数列の問題に入るよ。群数列とは，与えられた数列を群(グループ)に分けて表す数列のことなんだね。実を言うと，前問(演習問題45)の(2)の数列 $\{c_n\}$ も，c_1，c_2，c_3，…を

$$\underbrace{1, 1,}_{\substack{c_1\ c_2 \\ (\text{第}1\text{群})}} \Big| \underbrace{3, 3, 3, 3, 3, 3,}_{\substack{c_3 \cdots c_8 \\ (\text{第}2\text{群})}} \Big| \underbrace{9, 9, 9, \cdots, 9,}_{\substack{c_9 \cdots c_{26} \\ (\text{第}3\text{群})}} \Big| \underbrace{27, 27, \cdots, 27,}_{\substack{c_{27} \cdots c_{80} \\ (\text{第}4\text{群})}} \Big| \underbrace{81,}_{c_{81}} \cdots$$

と各群(グループ)に分けて考えることができる群数列だったんだ。群数列は共通テストでも出題される可能性が高いので，ここでヨ～ク練習しておこう。

演習問題 46	制限時間 12 分	難易度 ☆☆	CHECK1	CHECK2	CHECK3

次のような数列 $\{a_n\}$ $(n=1,\ 2,\ 3,\ \cdots\cdots)$ がある。

$$\frac{1}{2},\ \frac{1}{3},\ \frac{2}{3},\ \frac{1}{4},\ \frac{2}{4},\ \frac{3}{4},\ \frac{1}{5},\ \frac{2}{5},\ \frac{3}{5},\ \frac{4}{5},\ \frac{1}{6},\ \frac{2}{6},\ \cdots\cdots$$

このとき，

(1) $\frac{7}{15}$ は，この数列の第 アイ 項目の数である。

(2) $a_{200} = \frac{\boxed{ウエ}}{\boxed{オカ}}$ であり，初項から第 **200** 項までの数列の和 S_{200} は，

$S_{200} = \frac{\boxed{キクケコ}}{\boxed{サシ}}$ である。

ヒント！ これは，分母の値によって，各群(グループ)に分けることのできる群数列なんだね。まず，各群の項数を調べ，考えている数が第何群の中の何番目の数であるかを調べていけばいいんだよ。

解答＆解説

ココがポイント

a_1	a_2 a_3	a_4 a_5 a_6	a_7 a_8 a_9 a_{10}	a_{11} $\cdots$
$\frac{1}{2}$	$\frac{1}{3}, \frac{2}{3}$	$\frac{1}{4}, \frac{2}{4}, \frac{3}{4}$	$\frac{1}{5}, \frac{2}{5}, \frac{3}{5}, \frac{4}{5}$	$\frac{1}{6}, \cdots$
第1群	第2群	第3群	第4群	第5群
(項数1)	(項数2)	(項数3)	(項数4)	(項数5)

この数列$\{a_n\}$は，分母の値によって，上のような群(グループ)に分けられるね。第1群の分母は2，第2群の分母は3，…だから，一般に第k群にはk個の数があり，その分母は$k+1$となるんだね。また，分子の数は，その群の中の何番目の数かを表しているのもいいね。

⇦ 第k群のl番目の数は$\frac{l}{k+1}$となる。

Babaのレクチャー

(1)に入る前に少し練習しておこう。

$\frac{2}{5}$という数は，第何項目の数なのか，考えてみよう。分母が5だから第4群に属し，また分子が2だから第4群の②番目の数だね。

ここで，$a_n=\frac{2}{5}$とおくと，このnは，$n=1+2+3+②=8$だね。

第3群までの項数の和

よって，$a_8=\frac{2}{5}$と分かるんだ。

次に (2) の練習もやっておこう。たとえば $a_{\boxed{9}}$ の値を求めたかったら，これが第何群の何番目の数かが分かればいいんだね。この $\boxed{9}$ は，

$$\underline{1+2+3} < \boxed{9} \leqq \underline{1+2+3+4}$$

（第 3 群までの項数の和）（第 4 群までの項数の和）

これから，a_9 は第 4 群に属することが分かったね。後は，

$\boxed{9} - (\underline{1+2+3})$ から，a_9 は，第 4 群の 3 番目の数と分かる。

（第 3 群までの項数の和）

よって，$a_9 = \dfrac{3}{4+1} = \dfrac{3}{5}$ となるんだ。

このように，数の小さいところで練習して，本題に臨むと分かりやすいはずだ。

(1) $a_n = \dfrac{\boxed{7}}{\boxed{15}}$ とおくと，これは第 14 群の 7 番目の数だと分かるね。（7 番目）（第 14 群）

⇦ a_n は 14 群の 7 番目の数だから，n=(13 群までの項数の和)+7 となる。

$$\therefore\ n = \underline{1+2+3+\cdots+13} + 7$$

（第 13 群までの項数の和）

$$= \frac{1}{2}\cdot 13\cdot(13+1)+7 = 98$$

よって，$\dfrac{7}{15}$ は，第 98 項目の数である。…(答)（アイ）

⇦ $a_{98} = \dfrac{7}{15}$ のこと。

(2) $a_{\boxed{200}}$ が，第 N 群に属するものとすると，

$$\underline{1+2+\cdots+(N-1)} < \boxed{200} \leqq \underline{1+2+\cdots+N}$$

（第 $N-1$ 群までの項数の和）（第 N 群までの項数の和）

⇦ a_{200} が第 N 群の l 番目の数と分かれば $a_{200} = \dfrac{l}{N+1}$ となる。

$$\frac{1}{2}N(N-1) < 200 \leqq \frac{1}{2}N(N+1)$$

$$\underbrace{N(N-1)}_{20\times(20-1)} < \underbrace{400}_{20\times20} \leqq \underbrace{N(N+1)}_{20\times(20+1)}$$

と考えれば $N=20$ だ

これをみたす自然数 N は，明らかに 20 だね。

次に，$l = 200 - \underbrace{\frac{1}{2}\cdot 20\cdot(20-1)}_{\text{第 19 群までの項数の和}} = 10$

よって，a_{200} は第 20 群の 10 番目の数なので，

$$a_{200} = \frac{10}{20+1} = \frac{10}{21} \text{ ………………(答)(ウエ，オカ)}$$

$S_{200} = a_1 + a_2 + \cdots + a_{200} = \sum_{k=1}^{200} a_k$ を求める。

S_{200} を求める場合にも，群単位に考えていくと分かりやすいよ。

一般に，第 k 群の数列の和を T_k とおくと，

$$T_k = \frac{1}{k+1} + \frac{2}{k+1} + \frac{3}{k+1} + \cdots + \frac{k}{k+1}$$

$$= \frac{1+2+3+\cdots+k}{k+1} = \frac{1}{2}k \quad \text{となる。}$$

ここで，a_{200} は，第 20 群の 10 番目の数だったね。

⇦ $\sum_{k=1}^{N} k = \frac{1}{2}N(N+1)$

$\sum_{k=1}^{N-1} k = \frac{1}{2}(N-1)(N-1+1)$

⇦ a_{200} が第 20 群の l 番目の数とすると，

$l = 200 - \underbrace{(1+2+\cdots+19)}_{\text{第 19 群までの項数の和}}$

だ。

⇦ $\frac{1+2+\cdots+k}{k+1} = \frac{\frac{1}{2}k(k+1)}{k+1}$

$= \frac{1}{2}k$ となる。

第 19 群の末項

a_1,	a_2, a_3,	a_4, …	……	…, a_{190},	a_{191}, a_{192}, ……, a_{200}, …
$\frac{1}{2}$	$\frac{1}{3}$, $\frac{2}{3}$	$\frac{1}{4}$, …	……	…, $\frac{19}{20}$	$\frac{1}{21}$, $\frac{2}{21}$, ……, $\frac{10}{21}$, …
(第1群)	(第2群)	(第3群)		(第19群)	(第20群)

これまでの和は $\sum_{k=1}^{190} a_k = \sum_{k=1}^{19} T_k$

$a_1+a_2+\cdots+a_{190}$ 第 19 群までの数列の和

第 20 群の中の始めの 10 項のみの和 $\frac{1}{21}+\frac{2}{21}+\cdots+\frac{10}{21}$

以上より，求める S_{200} は，

$$S_{200} = \sum_{k=1}^{19} T_k + \sum_{k=191}^{200} a_k$$

$\sum_{k=1}^{190} a_k$ のこと

$$= \sum_{k=1}^{19} \frac{1}{2}k + \frac{1}{21} + \frac{2}{21} + \cdots\cdots + \frac{10}{21}$$

⇦ $\sum_{k=1}^{19} k = \frac{1}{2}19(19+1)$ だね。

$\frac{1}{2}\cdot 10\cdot(10+1)$

$$= \frac{1}{2}\cdot\frac{1}{2}\cdot 19\cdot 20 + \frac{1+2+\cdots\cdots+10}{21}$$

$$= 95 + \frac{55}{21} = \frac{2050}{21}$$ ……(答)(キクケコ，サシ)

群数列の問題も，(2) の数列の和までやっておけば十分だと思うよ。共通テストでも，Σ 計算は非常によく出題されると思うので，要注意なんだね。

● 格子点の個数はギンナンの串刺しで解こう！

次は，格子点の個数を計算する問題だ。格子点とは，x 座標も y 座標も共に整数である点のことなんだ。

これは，“図形と方程式”と“数列”の融合問題になるんだけど，いずれも同じ“数学 II・B”の範囲なので，応用問題として，これから共通テストで出題される可能性があると思う。

演習問題 47　制限時間 8 分　難易度　CHECK 1　CHECK 2　CHECK 3

x 軸，y 軸，および直線 $l: y=-2x+2n$ $(n=1, 2, 3, \cdots)$ で囲まれる領域を D とおく。(境界線は領域 D 内に含まれるものとする。)

この領域 D 内に含まれる格子点の内，直線 $x=k$ $(k=0, 1, \cdots, n)$ 上にあるものの個数を S_k とおくと，

$S_k=$ [ア] $n+$ [イ] $-$ [ウ] k である。

よって，領域 D 内にある全格子点の数を T とおくと，T は，

$$T=\sum_{k=0}^{n} S_k=\sum_{k=0}^{n}(\boxed{ア}\,n+\boxed{イ}-\boxed{ウ}\,k)$$

$$=\boxed{エ}\,n+\boxed{オ}+\sum_{k=1}^{n}(\boxed{ア}\,n+\boxed{イ}-\boxed{ウ}\,k)$$

$$=(n+\boxed{カ})^{\boxed{キ}}$$

である。

ヒント！ 領域 D 内の全格子点数を求める場合，まず直線 $x=k$ $(k=0, 1, 2, \cdots, n)$ 上の格子点数 S_k を求めるんだよ。そして，S_k の k を $0, 1, 2, \cdots, n$ と変化させて，その集計をとったものが，領域 D 内の全格子点数ってことになるんだね。これは Σ 計算の応用問題と言える。

解答＆解説

x 軸，y 軸，直線 $l: y=-2x+2n$ $(n=1, 2, 3, \cdots)$ で囲まれる領域 D を図 1 に網目部で示すよ。(境界線も含む。) この領域 D 内に，全部で何個の格子点 (x, y 両座標とも整数の点のことで，方眼紙の角々の点のこと) があるかを，次の手順で調べるんだね。

(i) 領域 D 内の格子点のうち，直線 $x=k$ 上の格子点数 S_k $(k=0, 1, 2, \cdots, n)$ を求める。

(ii) 全格子点数 T は，$k=0, 1, \cdots, n$ と動かした S_k の集計をとったものなので，

全格子点数 $T=\sum_{k=0}^{n} S_k$ となる。

それじゃ，この手順通りにいくよ。

(i) 図 2 のように，直線 $x=k$ 上の格子点は，

$(k, \boxed{0})$, $(k, \boxed{1})$, $(k, \boxed{2})$, ……, $(k, \boxed{2n-2k})$ で，
（最初の数）　（最後の数）

この様子は，ちょうど居酒屋で，ビールのオツマミに出てくる“ギンナンの串刺し”に似てるだろう。1 個 1 個の格子点をギンナンに見たてると，その個数は，

$S_k=\boxed{2n-2k}-\boxed{0}+1$ となるんだね。
（最後の数）（最初の数）

$\therefore S_k=2n+1-2k$ ……………………(答)(ア, イ, ウ)

$(k=0, 1, 2, \cdots, n)$

ココがポイント

図 1

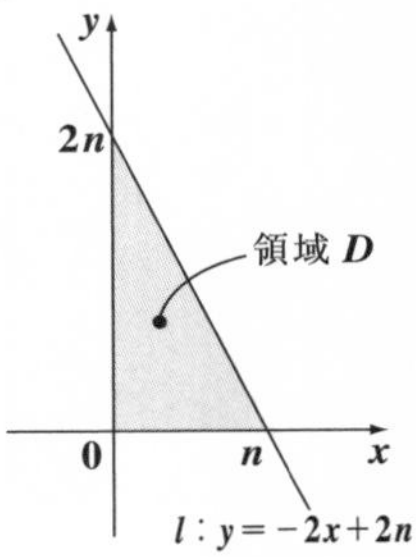

領域 D
$l: y=-2x+2n$

図 2

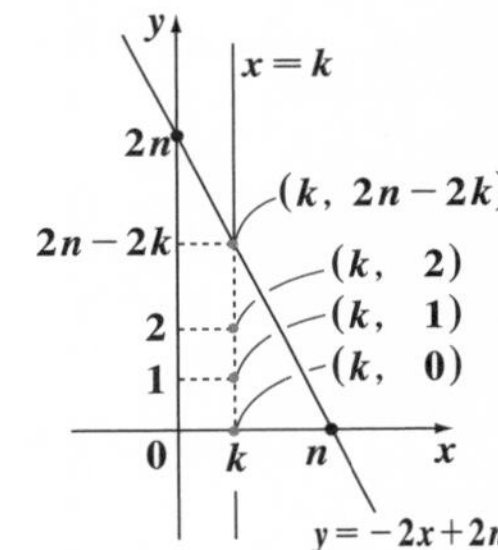

図 3

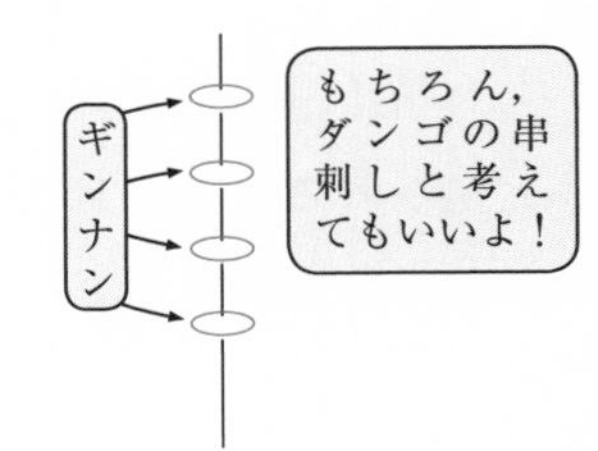

⇦ 項数の計算と同じだね。

(ⅱ) 次に，$k=0, 1, \cdots, n$ と動かしていって，S_k の集計をとると，それが D 内の全格子点数 T になる。

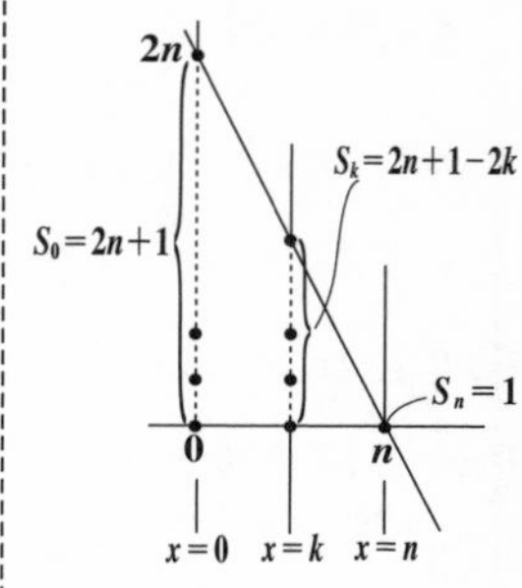

$$T=\sum_{k=0}^{n}S_k=\underline{S_0}+\sum_{k=1}^{n}S_k$$

($k=0$ のとき)

$$=\underline{2n+1}+\sum_{k=1}^{n}(\boxed{2n+1}-2k)\cdots\cdots(\text{答})(\text{エ, オ})$$

($2n+1 = S_0$)

(動くのは $k=1, 2, \cdots, n$ だから これは定数 c と考える。)

$$=2n+1+\underbrace{\sum_{k=1}^{n}(2n+1)}_{n(2n+1)}-2\underbrace{\sum_{k=1}^{n}k}_{\frac{1}{2}n(n+1)}$$

⇦ $\sum_{k=1}^{n}c=n\cdot c$ だね。このcが $2n+1$ だから $\sum_{k=1}^{n}(2n+1)=n(2n+1)$ となったんだ。

$$=2n+1+n\cdot(2n+1)-2\cdot\frac{1}{2}n(n+1)$$

$$=2n+1+2n^2+\cancel{n}-n^2-\cancel{n}$$

$$=n^2+2n+1=(n+1)^2\cdots\cdots\cdots\cdots(\text{答})(\text{カ, キ})$$

格子点の問題は，これまで出題されたことはないんだけど，これから出題される可能性は大きいと思うよ。ボクの予想は結構良く当たるのでシッカリ練習しておくといいよ。

● 典型的な漸化式の解法を押さえよう！

これから，共通テストでも，典型的な 2 項間の漸化式は頻出になると思うので，これらの解法パターンをシッカリ頭に入れて解いていこう。

演習問題 48	制限時間 8 分	難易度 ★	CHECK 1	CHECK 2	CHECK 3

(1) 数列 $\{a_n\}$ が，

$a_1 = 1$，$a_{n+1} - a_n = \dfrac{1}{n^2+n}$ ……① を満たす。このとき，

一般項 $a_n = \boxed{ア} - \dfrac{\boxed{イ}}{n}$ である。

(2) 数列 $\{a_n\}$ が，

$a_1 = 4$，$a_{n+1} = 2a_n - 3$ ……② を満たす。このとき，

一般項 $a_n = \boxed{ウ}^{n-1} + \boxed{エ}$ である。

(3) 数列 $\{a_n\}$ が，

$a_1 = 9$，$a_{n+1} = 2a_n + 3\cdot 5^n$ ……③ を満たす。このとき，

一般項 $a_n = \boxed{オ}^{n+1} + \boxed{カ}^n$ である。

ヒント！ 2 項間の漸化式とは，a_n と a_{n+1} の間の関係式と覚えてくれ。(1) 階差数列型の漸化式で，$a_{n+1} - a_1 = b_n$ の形をしているね。よって，この場合，$n \geqq 2$ で，$a_n = a_1 + \sum_{k=1}^{n-1} b_k$ と計算するんだよ。(2) は 2 項間の漸化式で，$a_{n+1} = pa_n + q$ の形をしているね。この場合，特性方程式 $x = px + q$ の解 α を利用して，$a_{n+1} - \alpha = p(a_n - \alpha)$ の形にもち込んで解けばいいんだね。(3) では，$a_{n+1} + \alpha\cdot 5^{n+1} = 2(a_n + \alpha\cdot 5^n)$ となる α の値を求めて，解けばいいんだね。(2) と (3) はいずれも，等比関数列型の漸化式の解法：
$F(n+1) = r\cdot F(n)$ ならば，$F(n) = F(1)\cdot r^{n-1}$ を利用して解いていく問題なんだね。頑張って解いてみよう！

Babaのレクチャー

漸化式を解こう！

2 項間の漸化式とは，a_n と a_{n+1} の間の関係式のことだ。そして，漸化式を解けと言われたら，一般項 a_n を求めればいいんだね。

(1) 等差数列型の漸化式

$a_{n+1}=a_n+d$ のとき，一般項 $a_n=a_1+(n-1)d$ となるね。

（$a_{n+1}=a_n+d$：これが漸化式）（$a_n=a_1+(n-1)d$：漸化式の解）

(2) 等比数列型の漸化式

$a_{n+1}=r\cdot a_n$ のとき，一般項 $a_n=a_1\cdot r^{n-1}$ だね。

(1)(2) は大丈夫だね。単純だからね。それでは，次，階差数列型の漸化式とその解を書いておこう。

(3) 階差数列型の漸化式

$a_{n+1}-a_n=b_n$ のとき，$n\geqq 2$ で，$a_n=a_1+\sum_{k=1}^{n-1}b_k$

（$n-1\geqq 1$ でないといけないね。）

解答＆解説

(1) $a_1=1$，$a_{n+1}-a_n=\dfrac{1}{n(n+1)}$ ……①　$(n=1,\ 2,\ \cdots)$

（$\dfrac{1}{n(n+1)}$ を b_n とみる）

これは，階差数列型の漸化式なので，

$n\geqq 2$ のとき，

$$a_n=a_1+\sum_{k=1}^{n-1}\frac{1}{k(k+1)}$$

（$a_1=1$，$\dfrac{1}{k(k+1)}=b_k$）

$$=1+\sum_{k=1}^{n-1}\left(\frac{1}{k}-\frac{1}{k+1}\right)$$

（部分分数に分解した！）

ココがポイント

⇦ $a_{n+1}-a_n=b_n$ のとき，

$n=1,\ 2,\ 3,\ \cdots,\ n-1$ とすると，

$a_2-a_1=b_1$

$a_3-a_2=b_2$

$a_4-a_3=b_3$

……

$+)\ a_n-a_{n-1}=b_{n-1}$

$a_n-a_1=b_1+b_2+\cdots+b_{n-1}$

$\therefore a_n=a_1+\sum_{k=1}^{n-1}b_k$ だ。

$$= 1 + \left(\boxed{\frac{1}{1}} - \frac{1}{2}\right) + \left(\frac{1}{2} - \frac{1}{3}\right) + \left(\frac{1}{3} - \frac{1}{4}\right) + \cdots\cdots + \left(\frac{1}{n-1} \boxed{-\frac{1}{n}}\right)$$

$k=1$ のとき　$k=2$ のとき　$k=3$ のとき　$k=n-1$ のとき

$$= 1 + 1 - \frac{1}{n} = 2 - \frac{1}{n}$$

（これは $n=1$ のときもみたす）

$\therefore\ a_n = 2 - \dfrac{1}{n}$ ……………………………(答)(ア，イ)

$(n = 1,\ 2,\ 3,\ \cdots)$

⇦これは，$n=2,\ 3,\ 4,\ \cdots$ でしか定義されないけれど，$n=1$ のとき，$a_1 = 2 - \dfrac{1}{1} = 1$ となって，$n=1$ のときもみたすね。

Babaのレクチャー

等比関数列型 $F(n+1) = r \cdot F(n)$ を使いこなせ！

ボクは，等比数列型漸化式と同様に，右に示す等比関数列型漸化式の考え方を導入して，さまざまな漸化式の解法に利用してるんだ。

> 等比関数列型漸化式
>
> $F(n+1) = r \cdot F(n)$ のとき
>
> $F(n) = F(1) \cdot r^{n-1}$

これを使った例を下に示すよ。

（例1）

$a_{n+1} + 3 = 2(a_n + 3)$ のとき，

$[F(n+1) = 2 \cdot F(n)]$

$a_n + 3 = (a_1 + 3) \cdot 2^{n-1}$

$[F(n) = F(1) \cdot 2^{n-1}]$

（例2）

$a_{n+1} - 2^{n+1} = -3(a_n - 2^n)$

$[F(n+1) = -3 \cdot F(n)]$

$a_n - 2^n = (a_1 - 2^1)(-3)^{n-1}$

$[F(n) = F(1) \cdot (-3)^{n-1}]$

例1では，$F(n) = a_n + 3$ とおくと，$F(n+1) = a_{n+1} + 3$，$F(1) = a_1 + 3$ となる。後は，等比数列の漸化式の解法と同じだね。

(2) $a_1=4,\ a_{n+1}=2a_n-3$ ……② $(n=1,\ 2,\ \cdots)$

特性方程式の解 3 と，a_n の係数 2 を使って，②式を変形すると，

$a_{n+1}-3=2(a_n-3)$ ……④

$[\,F(n+1)=2\cdot F(n)\,]$

よって，

$a_n-3=(\overset{4}{a_1}-3)\cdot 2^{n-1}$

$[\ F(n)=\ F(1)\ \cdot 2^{n-1}]$

ここで，$a_1=4$ だから，求める一般項 a_n は

$a_n=2^{n-1}+3$ ……………………………(答)(ウ，エ)

⇦②の a_n と a_{n+1} の位置に x を入れたものが特性方程式だ。
$x=2x-3$ …②′
これを解いて，$x=3$
つまり，
$\begin{cases} a_{n+1}=2a_n-3 & \cdots② \\ x=2x-3 & \cdots②' \end{cases}$
より，②－②′から
$a_{n+1}-\underset{3}{x}=2(a_n-\underset{3}{x})$
となって，
$F(n+1)=2F(n)$ …④
の形が完成するんだね。

(3) $a_1=9,\ a_{n+1}=2a_n+3\cdot 5^n$……③ $(n=1,2,\cdots)$

③を変形して，次式のようになるものとしよう。

$a_{n+1}+\alpha\cdot 5^{n+1}=2(a_n+\alpha\cdot 5^n)$ ……③′

$[\quad F(n+1)\quad =2\cdot F(n)\quad]$

⇦a_n の係数 2 を公比とし，定数 α を使って③を，
$F(n+1)=2F(n)$ …③′
の形に持ち込むんだね。

③′より，$a_{n+1}=2a_n+\underbrace{2\alpha\cdot 5^n-\alpha\cdot 5^{n+1}}$

$2\alpha\cdot 5^n-5\alpha\cdot 5^n=-3\alpha\cdot 5^n$

$a_{n+1}=2a_n\underset{3}{\underline{-3\alpha}}\cdot 5^n$……③″

⇦③と③″を比較して，$-3\alpha=3$ より，$\alpha=-1$ となる。

③と③″を比較して $\alpha=-1$ となるので，これを③′に代入して，

$a_{n+1}-1\cdot 5^{n+1}=2(a_n-1\cdot 5^n)$

$[\quad F(n+1)\quad =2\cdot F(n)\quad]$ アッという間！

$a_n-5^n=(\overset{9}{a_1}-5^1)\cdot 2^{n-1}$

$[\,F(n)=\ F(1)\ \cdot 2^{n-1}]$

⇦$a_n-5^n=\underbrace{4\cdot 2^{n-1}}$
$2^2\cdot 2^{n-1}=2^{n+1}$
$a_n=2^{n+1}+5^n$

これに $a_1=9$ を代入すると，求める一般項は

$a_n=2^{n+1}+5^n$ ……………………(答)(オ，カ)

演習問題 49　制限時間 14 分　難易度　CHECK1　CHECK2　CHECK3

数直線上で点 $\mathbf{P}$ に実数 a が対応しているとき，a を点 $\mathbf{P}$ の座標といい，座標が a である点 $\mathbf{P}$ を $\mathbf{P}(a)$ で表す。数直線上に点 $\mathbf{P}_1(1)$，$\mathbf{P}_2(2)$ をとる。線分 $\mathbf{P}_1\mathbf{P}_2$ を $3:1$ に内分する点を $\mathbf{P}_3$ とする。一般に，自然数 n に対して，線分 $\mathbf{P}_n\mathbf{P}_{n+1}$ を $3:1$ に内分する点を $\mathbf{P}_{n+2}$ とする。点 $\mathbf{P}_n$ の座標を x_n とする。

$x_1=1$，$x_2=2$ であり，$x_3=\dfrac{\boxed{ア}}{\boxed{イ}}$ である。数列 $\{x_n\}$ の一般項を求めるために，この数列の階差数列を考えよう。自然数 n に対して，

$y_n=x_{n+1}-x_n$ とする。

$y_1=\boxed{ウ}$，$y_{n+1}=\dfrac{\boxed{エオ}}{\boxed{カ}}y_n\quad(n=1,\ 2,\ 3,\ \cdots)$

である。したがって，$y_n=\left(\dfrac{\boxed{エオ}}{\boxed{カ}}\right)^{\boxed{キ}}\quad(n=1,\ 2,\ 3,\ \cdots)$ であり

$$x_n=\frac{\boxed{ク}}{\boxed{ケ}}-\frac{\boxed{コ}}{\boxed{ケ}}\left(\frac{\boxed{エオ}}{\boxed{カ}}\right)^{\boxed{サ}}\ (n=1,\ 2,\ 3,\ \cdots)$$

となる。ただし，$\boxed{キ}$，$\boxed{サ}$ については，当てはまるものを，次の⓪～③のうちから一つずつ選べ。同じものを繰り返し選んでもよい。

⓪ $n-1$　　① n　　② $n+1$　　③ $n+2$

次に，自然数 n に対して $S_n=\displaystyle\sum_{k=1}^{n}k|y_k|$ を求めよう。$r=\left|\dfrac{\boxed{エオ}}{\boxed{カ}}\right|$ とおくと

$S_n-rS_n=\displaystyle\sum_{k=1}^{\boxed{シ}}r^{k-1}-nr^{\boxed{ス}}\ (n=1,\ 2,\ 3,\ \cdots)$ であり，したがって

$$S_n=\frac{\boxed{セソ}}{\boxed{タ}}\left\{1-\left(\frac{1}{\boxed{チ}}\right)^{\boxed{ツ}}\right\}-\frac{n}{\boxed{テ}}\left(\frac{1}{\boxed{ト}}\right)^{\boxed{ナ}}$$

となる。ただし，$\boxed{シ}$，$\boxed{ス}$，$\boxed{ツ}$，$\boxed{ナ}$ については，当てはまるものを，次の⓪～③のうちから一つずつ選べ。同じものを繰り返し選んでもよい。

⓪ $n-1$　　① n　　② $n+1$　　③ $n+2$

ヒント！ 数列 $\{x_n\}$ の 3 項間の漸化式の問題だけれど，数列 $\{y_n\}$ に置き換えて解くように誘導があるので，その流れに乗って解いていけばいいんだね。後半は，等差数列と等比数列の積の Σ 計算だけれど，これも誘導に従えばいいよ。1 題の問題としては，問題文も長く，計算量も多いけれど，時間を意識して，テンポよく解いていこう！

解答＆解説

$P_n(x_n)$，$P_{n+1}(x_{n+1})$ を両端点とする線分 P_nP_{n+1} を 3：1 に内分する点が $P_{n+2}(x_{n+2})$ より，内分点の公式を用いると，

$$x_{n+2}=\frac{x_n+3x_{n+1}}{4} \quad \cdots\cdots① \quad (n=1,\ 2,\ \cdots)$$

となるね。ここで，①の n に $n=1$ を代入して，

$$x_3=\frac{x_1+3x_2}{4} \quad \cdots\cdots②$$

②に $x_1=1$，$x_2=2$ を代入すると，

$$x_3=\frac{1+3\cdot2}{4}=\frac{7}{4}$$ となる。 ………………(答)(ア，イ)

①より，

$$x_{n+2}=\frac{3}{4}x_{n+1}+\frac{1}{4}x_n \quad \cdots\cdots①'$$

ここで，$y_n=x_{n+1}-x_n$ とおくように書かれているので，$y_{n+1}=x_{n+2}-x_{n+1}$ となる。

上の y_n の式の n に，$n+1$ を代入したもの

よって，①′ の両辺から x_{n+1} を引いて，左辺を y_{n+1} の形にすればうまくいくはずだね。

①′ の両辺から x_{n+1} を引いて，

$$\underbrace{x_{n+2}-x_{n+1}}_{y_{n+1}}=\underbrace{\frac{3}{4}x_{n+1}-x_{n+1}+\frac{1}{4}x_n}_{-\frac{1}{4}x_{n+1}+\frac{1}{4}x_n}$$

ココがポイント

⇦ $x_{n+2}=\dfrac{1\cdot x_n+3x_{n+1}}{3+1}$

⇦ これは数列 $\{x_n\}$ の 3 項間の漸化式で，一般には，特性方程式：
$\alpha^2-\frac{3}{4}\alpha-\frac{1}{4}=0$
を解いて α の値を求め，これを使って，
$F(n+1)=rF(n)$ の形の式を作って解いていくんだね。
ここでは，誘導に従って解いていこう。

$\underbrace{x_{n+2}-x_{n+1}}_{y_{n+1}}=-\frac{1}{4}(\underbrace{x_{n+1}-x_n}_{y_n})$ ……③

ここで，$y_n=x_{n+1}-x_n$ ……④　$(n=1,\ 2,\ 3,\ \cdots)$

とおくと，

$y_1=\underbrace{x_2}_{2}-\underbrace{x_1}_{1}=2-1=1$ ……………………………(答)(ウ)

であり，③は，

$y_{n+1}=\frac{-1}{4}y_n$ ……⑤ $(n=1, 2, \cdots)$ となるんだね。

…………………(答)(エオ, カ)

⑤より，数列 $\{y_n\}$ は，初項 $y_1=1$，公比 $r=-\frac{1}{4}$

の等比数列だから，この一般項 y_n は，

$y_n=1\cdot\left(-\frac{1}{4}\right)^{n-1}=\left(\frac{-1}{4}\right)^{n-1}$ ……⑥ $(n=1, 2, \cdots)$

⇦ 初項 a，公比 r の等比数列の一般項 a_n は，$a_n=a\cdot r^{n-1}$ だからね。

となる。よって，⓪ ……………………………(答)(キ)

⑥に④を代入すると，

$x_{n+1}-x_n=\left(-\frac{1}{4}\right)^{n-1}$　となる。よって，

⇦ 階差数列型の漸化式 $a_{n+1}-a_n=b_n$ の解は，$n\geqq2$ で $a_n=a_1+\sum_{k=1}^{n-1}b_k$ だね。

$n\geqq2$ で，

$x_n=\underbrace{x_1}_{1}+\sum_{k=1}^{n-1}\left(-\frac{1}{4}\right)^{k-1}$

$1+\left(-\frac{1}{4}\right)+\left(-\frac{1}{4}\right)^2+\cdots+\left(-\frac{1}{4}\right)^{n-2}$

初項 1，公比 $-\frac{1}{4}$ の等比数列の，項数 $n-1(=n-2-0+1)$ の和より，

$\frac{1\cdot\left\{1-\left(-\frac{1}{4}\right)^{n-1}\right\}}{1-\left(-\frac{1}{4}\right)}=\frac{1}{\frac{5}{4}}\left\{1-\left(-\frac{1}{4}\right)^{n-1}\right\}$

よって，

$$x_n = 1 + \frac{4}{5}\left\{1 - \left(-\frac{1}{4}\right)^{n-1}\right\}$$

$$= \frac{9}{5} - \frac{4}{5}\cdot\left(\frac{-1}{4}\right)^{n-1} \quad (n = 1,\ 2,\ \cdots) \text{ となる。}$$

⇦ $x_n = 1 + \frac{4}{5} - \frac{4}{5}\left(-\frac{1}{4}\right)^{n-1}$
$= \frac{9}{5} - \frac{4}{5}\cdot\left(-\frac{1}{4}\right)^{n-1}$

これは，$n=1$ のとき，$x_1 = \frac{9}{5} - \frac{4}{5}\cdot\underbrace{1}_{\left(-\frac{1}{4}\right)^0} = 1$

をみたすので，$n = 1,\ 2,\ \cdots$で
成り立つ一般項だ。もちろん，共通テストでは，このチェックは不要だよ。時間をキープしないといけないからね。

………………(答)(ク，ケ，コ)

また，⓪ ………………(答)(サ)

次に，$S_n = \sum_{k=1}^{n} k\cdot|y_k|$を求めよう。

$y_k = \left(-\frac{1}{4}\right)^{k-1} \quad (k = 1,\ 2,\ \cdots)$ より，

$|y_k| = \left|\cancel{(-1)^{k-1}}\cdot\underbrace{\left(\frac{1}{4}\right)^{k-1}}_{\oplus}\right| = \left(\frac{1}{4}\right)^{k-1}$ よって，

$S_n = \sum_{k=1}^{n} k\cdot\Big(\underbrace{\frac{1}{4}}_{r}\Big)^{k-1}$ となる。

ここで，$r = \left|\frac{-1}{4}\right| = \frac{1}{4}$ とおくと，

$S_n = \sum_{k=1}^{n} \underbrace{k}_{\text{等差数列}}\cdot\underbrace{r^{k-1}}_{\text{等比数列}}$ となる。

演習問題 **43(4)** と同様の解法パターンを使う！

⇦ 等差数列と等比数列の積の和 S_n は，$S_n - r\cdot S_n$ を計算するとうまくいくんだね。

$$\begin{cases} S_n = 1\cdot 1 + 2\cdot r + 3\cdot r^2 + 4\cdot r^3 + \cdots + n\cdot r^{n-1} & \cdots\cdots⑦ \\ r\cdot S_n = \phantom{1\cdot 1 +{}} 1\cdot r + 2\cdot r^2 + 3\cdot r^3 + \cdots + (n-1)\cdot r^{n-1} + n\cdot r^n & \cdots\cdots⑧ \end{cases}$$

ここで，⑦－⑧より，

$$S_n - rS_n = \underbrace{1\cdot 1 + 1\cdot r + 1\cdot r^2 + 1\cdot r^3 + \cdots + 1\cdot r^{n-1}}_{1+r+r^2+r^3+\cdots+r^{n-1} = \sum_{k=1}^{n} r^{k-1}} - n\cdot r^n$$

$\therefore\ S_n - rS_n = \sum_{k=1}^{n} r^{k-1} - n\cdot r^n$ ………⑨となる。

よって，①，① ……………………………(答)(シ，ス)

⑨に $r = \frac{1}{4}$ を代入すると，

$$\underbrace{S_n - \frac{1}{4}S_n}_{\frac{3}{4}S_n} = \underbrace{\sum_{k=1}^{n}\left(\frac{1}{4}\right)^{k-1}}_{\frac{1\cdot\left\{1-\left(\frac{1}{4}\right)^n\right\}}{1-\frac{1}{4}} = \frac{1}{\frac{3}{4}}\left\{1-\left(\frac{1}{4}\right)^n\right\}} - n\cdot\left(\frac{1}{4}\right)^n$$

⇦初項 $a=1$，公比 $r=\frac{1}{4}$，項数 n の等比数列の和は $\frac{a(1-r^n)}{1-r}$ だからね。

$$\frac{3}{4}S_n = \frac{4}{3}\left\{1-\left(\frac{1}{4}\right)^n\right\} - n\cdot\left(\frac{1}{4}\right)^n$$

両辺に $\frac{4}{3}$ をかけて，

$$S_n = \frac{16}{9}\left\{1-\left(\frac{1}{4}\right)^n\right\} - \frac{n}{3}\cdot\underbrace{4\cdot\left(\frac{1}{4}\right)^n}_{\left(\frac{1}{4}\right)^{n-1}}$$

$$= \frac{16}{9}\left\{1-\left(\frac{1}{4}\right)^n\right\} - \frac{n}{3}\cdot\left(\frac{1}{4}\right)^{n-1}$$ となる。

………………(答)(セソ，タ，チ，テ，ト)

また，①，⓪ ………………(答)(ツ，ナ)

数列も様々な問題を解いたね。後は，シッカリ反復練習しよう！

講義6 ● 数列　公式エッセンス

1．等差数列（a：初項，d：公差）

（i）一般項 $a_n = a + (n-1)d$　　（ii）数列の和 $S_n = \dfrac{n(a_1 + a_n)}{2}$

2．等比数列（a：初項，r：公比）

（i）一般項 $a_n = a \cdot r^{n-1}$　　（ii）数列の和 $S_n = \begin{cases} \dfrac{a(1-r^n)}{1-r} & (r \neq 1) \\ na & (r = 1) \end{cases}$

3．Σ 計算の 6 つの基本公式

(1) $\displaystyle\sum_{k=1}^{n} k = \frac{1}{2}n(n+1)$　　(2) $\displaystyle\sum_{k=1}^{n} k^2 = \frac{1}{6}n(n+1)(2n+1)$

(3) $\displaystyle\sum_{k=1}^{n} k^3 = \frac{1}{4}n^2(n+1)^2$　　(4) $\displaystyle\sum_{k=1}^{n} c = nc$（$c$：定数）

(5) $\displaystyle\sum_{k=1}^{n} ar^{k-1} = \frac{a(1-r^n)}{1-r}$ $(r \neq 1)$　　(6) $\displaystyle\sum_{k=1}^{n} \frac{1}{k(k+1)} = \frac{n}{n+1}$

4．Σ 計算の 2 つの性質

(1) $\displaystyle\sum_{k=1}^{n}(a_k \pm b_k) = \sum_{k=1}^{n} a_k \pm \sum_{k=1}^{n} b_k$　　(2) $\displaystyle\sum_{k=1}^{n} ca_k = c\sum_{k=1}^{n} a_k$（$c$：定数）

5．$S_n = f(n)$ の解法パターン

$S_n = a_1 + a_2 + \cdots + a_n = f(n)$　$(n = 1,\ 2,\ \cdots)$ のとき

（i）$a_1 = S_1$　　（ii）$n \geqq 2$ で，$a_n = S_n - S_{n-1}$

6．群数列

与えられた数列を群（グループ）に分けることにより，その性質が明らかとなる数列のこと。

7．階差数列型の漸化式

$a_{n+1} - a_n = b_n$ のとき，$n \geqq 2$ で，$a_n = a_1 + \displaystyle\sum_{k=1}^{n-1} b_k$

8．等比関数列型の漸化式

$F(n+1) = r \cdot F(n)$ のとき，$F(n) = F(1) \cdot r^{n-1}$

ベクトル

内分点・内積など、ベクトルの基本を押さえよう!

- ▶まわり道の原理
- ▶内分点・外分点の公式
- ▶ベクトルの成分表示
- ▶ベクトルの内積の演算
  (ベクトルの大きさの **2** 乗による展開)

講義7 ベクトル

さァ，これから“**ベクトル**”の講義に入ろう。ベクトルは，共通テスト数学**II·B·C**でも，メインとなる分野で，レベル的にも**2**次試験と変わらない位難度の高い問題が出題されることもあるんだよ。エッ，引きそうって!? でも，心配はいらない。この講義でも，ベクトルの基本から応用レベルまで，ていねいに教えていくことはもちろん，そういった高難度の問題についても，解答の出し方などその対処法を伝授するつもりだ。

それでは，“**ベクトル**”の解説講義を始めるにあたって，ベクトルの中でもよく出題される分野を下に書いておくから，まず頭に入れておこう。

・まわり道の原理と内分点の公式（チェバ・メネラウスの定理）

・ベクトルの成分表示

・内積の演算（ベクトルの大きさの2乗の展開を含む）

ベクトルには大きく分けて“**平面ベクトル**”と“**空間ベクトル**”がある。共通テストでは，このいずれも出題されると思うけれど，解法に大きな差があるわけではないので，ここではまず，“**平面ベクトル**”の問題から解説して，後に“**空間ベクトル**”の問題を取り上げるつもりだ。

ベクトルに強くなりたかったら，まず基本公式や解法のパターンをシッカリ頭に入れることだ。そして図形的な要素が強いので，自分なりにすばやく図を描いて考えていくことも重要だよ。

さァ，それでは早速“**ベクトル**”の講義を始めよう！

● ベクトルの基本操作に慣れよう！

△**ABC** の外心 **O** とベクトルの融合問題だ。ここでは，ベクトルの内分点の公式や内積の演算を使うことになる。ベクトルの基本的な考え方が身に付くと思うよ。

演習問題 50	制限時間 8 分	難易度 ☆☆	CHECK 1	CHECK 2	CHECK 3

中心 **O**，半径 **1** の円に内接する三角形 **ABC** があり，

$4\overrightarrow{OA}+5\overrightarrow{OB}+6\overrightarrow{OC}=\vec{0}$ ……① をみたす。

(1) 直線 **CO** と辺 **AB** の交点を **D** とおくと，

$\overrightarrow{OD}=\dfrac{\boxed{ア}}{\boxed{イ}}\overrightarrow{OA}+\dfrac{\boxed{ウ}}{\boxed{エ}}\overrightarrow{OB}$ であり，

$AD : DB = \boxed{オ} : \boxed{カ}$，$CO : OD = \boxed{キ} : \boxed{ク}$ である。

(2) $\overrightarrow{OA}$ と $\overrightarrow{OB}$ のなす角を θ とおくと，$\cos\theta=\dfrac{\boxed{ケコ}}{\boxed{サ}}$ である。

ヒント！ **(1)** は，①と内分点の公式を利用する。**(2)** では，$|\overrightarrow{OA}|=|\overrightarrow{OB}|=|\overrightarrow{OC}|=1$ で，①より $|4\overrightarrow{OA}+5\overrightarrow{OB}|^2=|6\overrightarrow{OC}|^2$ を導いて解くといいよ。

Babaのレクチャー

(Ⅰ) 内分点の公式を復習しておこう！

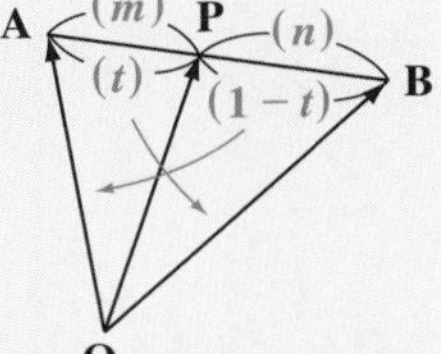

(ⅰ) 点 **P** が線分 **AB** を $m : n$ に内分するとき，

$$\overrightarrow{OP}=\frac{n\overrightarrow{OA}+m\overrightarrow{OB}}{m+n}$$

(ⅱ) 点 **P** が線分 **AB** を $t : 1-t$ に内分するとき，

$$\overrightarrow{OP}=(1-t)\overrightarrow{OA}+t\overrightarrow{OB} \qquad (0<t<1)$$

（たとえば $m : n = 2 : 3$ という代わりに，$t : 1-t=\dfrac{2}{5}:\dfrac{3}{5}$ と言ってもいいね。）

たして **1** の形

(Ⅱ) 内積とその演算も復習しておこう。

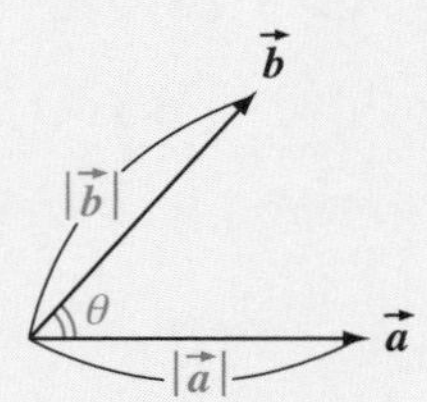

(ⅰ) $\vec{a}$ と $\vec{b}$ のなす角が θ のとき内積を

$$\vec{a}\cdot\vec{b}=|\vec{a}||\vec{b}|\cos\theta$$

と定義する。

(ⅱ) 内積の演算と整式の展開は同じだ！

それでは，ベクトルの式同士の内積の演算が，整式の展開と同じことを，例題で示すよ。特に大事なことは，"絶対値記号の中にベクトルの式が入っていたら 2 乗して展開する" ってことだ。これは問題を解く上での重要な糸口になるんだよ。

(1) $(2\vec{a}+\vec{b})\cdot(\vec{a}-3\vec{b})=2|\vec{a}|^2-5\vec{a}\cdot\vec{b}-3|\vec{b}|^2$

$\left[(2a+b)(a-3b)=2a^2-5ab-3b^2\right.$ と同じだ！$\left.\right]$

(2) $|\vec{a}-2\vec{b}|^2=|\vec{a}|^2-4\vec{a}\cdot\vec{b}+4|\vec{b}|^2$ ← $|$ベクトル式$|^2$ の展開！

$\left[(a-2b)^2=a^2-4ab+4b^2\right.$ と同じだ！$\left.\right]$

どう？ 内積の演算が整式の展開と全く同じなのが分かった？

解答＆解説

ココがポイント

中心 O，半径 1 の円に△ABC が内接するということは，図 1 より点 O は△ABC の外心になるんだね。ここで，次の条件が与えられてるね。

⇦ 図 1

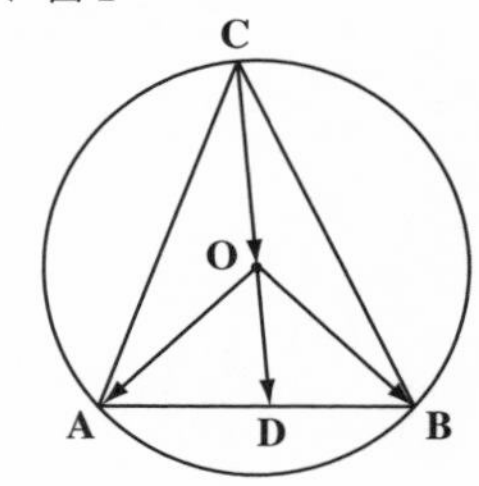

$4\overrightarrow{OA}+5\overrightarrow{OB}+6\overrightarrow{OC}=\vec{0}$ ……①

(1) 直線 CO と辺 AB との交点を D とおくと，

$\overrightarrow{OD}/\!/\overrightarrow{CO}$ より，実数 k を用いて，

$\overrightarrow{OD}=k\overrightarrow{CO}$ ……②となる。

また，①より，

$-6\underset{\substack{\shortparallel\\ -\overrightarrow{CO}}}{\overrightarrow{OC}}=4\overrightarrow{OA}+5\overrightarrow{OB}$

$$6\overrightarrow{CO}=4\overrightarrow{OA}+5\overrightarrow{OB}$$

$$\therefore\ \overrightarrow{CO}=\frac{2}{3}\overrightarrow{OA}+\frac{5}{6}\overrightarrow{OB}\ \cdots\cdots③$$

③を②に代入して，

$$\overrightarrow{OD}=k\left(\frac{2}{3}\overrightarrow{OA}+\frac{5}{6}\overrightarrow{OB}\right)$$

$$=\frac{2}{3}k\overrightarrow{OA}+\frac{5}{6}k\overrightarrow{OB}\ \cdots\cdots④$$

$\frac{2}{3}k = (1-t)$, $\frac{5}{6}k = t$

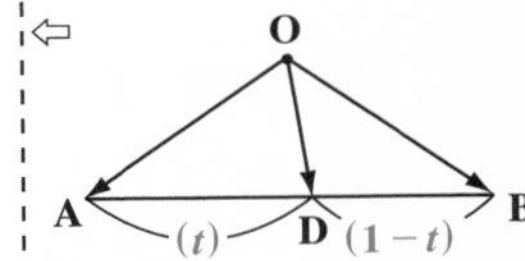

$AD:DB=t:(1-t)$ とおくと，内分点の公式より，

$\overrightarrow{OD}=(1-t)\overrightarrow{OA}+t\overrightarrow{OB}$

$(1-t)=\frac{2}{3}k$, $t=\frac{5}{6}k$

点 D は線分 AB 上の点より，

$$\frac{2}{3}k+\frac{5}{6}k=1\quad \frac{4+5}{6}k=1\quad \therefore\ k=\frac{2}{3}\ \cdots⑤$$

$\therefore\ \frac{2}{3}k+\frac{5}{6}k=1-t+t$

$=1$ となる！

これを④に代入して，

$$\overrightarrow{OD}=\frac{2}{3}\cdot\frac{2}{3}\overrightarrow{OA}+\frac{5}{6}\cdot\frac{2}{3}\overrightarrow{OB}$$

$$\therefore\ \overrightarrow{OD}=\frac{4}{9}\overrightarrow{OA}+\frac{5}{9}\overrightarrow{OB}\ \cdots(答)(ア，イ，ウ，エ)$$

$\overrightarrow{OD}=\dfrac{4\overrightarrow{OA}+5\overrightarrow{OB}}{9}$ より，

点 D は線分 AB を $5:4$ に内分する。

よって，$AD:DB=5:4$ …………(答)(オ，カ)

また，⑤を②に代入して，

$\overrightarrow{OD}=\frac{2}{3}\overrightarrow{CO}$ より，

$CO:OD=3:2$

……(答)(キ，ク)

(2) 図 2 のように，OA，OB，OC は当然，外接円の半径 1 に等しいので，

外接円の半径 R

$$|\overrightarrow{OA}|=|\overrightarrow{OB}|=|\overrightarrow{OC}|=\boxed{1}\ \cdots\cdots⑥ となる。$$

図 2

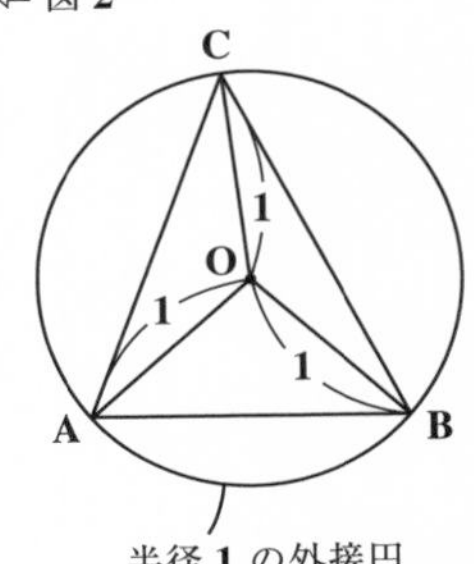

$4\overrightarrow{OA}+5\overrightarrow{OB}+6\overrightarrow{OC}=\vec{0}$ ……①が与えられてるね。これから，$\overrightarrow{OA}$ と $\overrightarrow{OB}$ のなす角を θ とおくと，内積の定義から，

$$\overrightarrow{OA}\cdot\overrightarrow{OB}=\underbrace{|\overrightarrow{OA}|}_{1}\underbrace{|\overrightarrow{OB}|}_{1}\cos\theta=\cos\theta$$ ……⑦だね。

よって，$\overrightarrow{OA}\cdot\overrightarrow{OB}$ を①から次のように導くんだ。①を変形して，

$$4\overrightarrow{OA}+5\overrightarrow{OB}=-6\overrightarrow{OC}$$

$$|4\overrightarrow{OA}+5\overrightarrow{OB}|=\underbrace{|-6\overrightarrow{OC}|}_{|6\overrightarrow{OC}|}$$

$$|4\overrightarrow{OA}+5\overrightarrow{OB}|=|6\overrightarrow{OC}|$$

絶対値記号の中にベクトルの式が入ってるから，当然 **2** 乗する！ すると $\overrightarrow{OA}\cdot\overrightarrow{OB}$ が出てくる！

⇦ $\vec{\alpha}$ と $-\vec{\alpha}$ は，向きは逆でも，その大きさは同じだから，$|-\vec{\alpha}|=|\vec{\alpha}|$ だ。

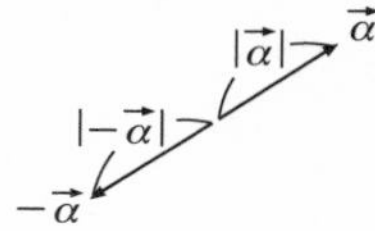

この両辺を 2 乗して，

$$|4\overrightarrow{OA}+5\overrightarrow{OB}|^2=|6\overrightarrow{OC}|^2$$

$$16\underbrace{|\overrightarrow{OA}|^2}_{1^2}+40\underbrace{\overrightarrow{OA}\cdot\overrightarrow{OB}}_{\cos\theta\,(⑦より)}+25\underbrace{|\overrightarrow{OB}|^2}_{1^2}=36\underbrace{|\overrightarrow{OC}|^2}_{1^2}$$

⇦ 整式の展開 $(4a+5b)^2=16a^2+40ab+25b^2$ と同じだ！

⑥，⑦より，

$$16+40\cos\theta+25=36$$

$$40\cos\theta=-5 \qquad \therefore \cos\theta=\frac{-1}{8}$$

………(答)(ケコ，サ)

どう？ 内分点の公式や内積の演算など大丈夫だった？ これでキミ達の頭もベクトル・モードに切り替わってきたと思う。それでは，さらに，“平面ベクトル”の本格的な問題を解いてみよう！

次は，過去に出題された問題をボクが少し改題したものだ。頑張って解いてみよう！

演習問題 51　制限時間 12 分　難易度 ☆☆　CHECK1　CHECK2　CHECK3

平行四辺形 **ABCD** において，辺 **AB** を $a:1$ に内分する点を **P**，辺 **BC** を $b:1$ に内分する点を **Q** とする。辺 **CD** 上の点 **R** および辺 **DA** 上の点 **S** をそれぞれ **PR**//**BC**，**SQ**//**AB** となるようにとり，$\vec{x}=\overrightarrow{BP}$，$\vec{y}=\overrightarrow{BQ}$ とおく。

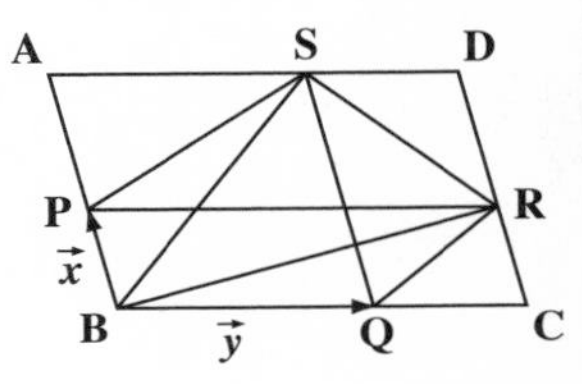

(1) 五角形 **PBQRS** の辺 **QR**，**PS** および対角線 **BS**，**BR** が表すベクトルは $\vec{x}$，$\vec{y}$ を用いて

$$\overrightarrow{QR}=\vec{x}+\frac{\boxed{ア}}{\boxed{イ}}\vec{y}$$

$$\overrightarrow{PS}=\boxed{ウ}\vec{x}+\vec{y}$$

$$\overrightarrow{BS}=\left(\boxed{エ}+\boxed{オ}\right)\vec{x}+\vec{y}$$

$$\overrightarrow{BR}=\vec{x}+\left(\boxed{カ}+\frac{\boxed{キ}}{\boxed{ク}}\right)\vec{y}$$ となる。

(2) $\overrightarrow{PS}\cdot\vec{x}=-\vec{x}\cdot\vec{y}=\vec{y}\cdot\overrightarrow{QR}$ が成り立つとする。このとき，

$$\vec{x}\cdot\vec{y}=-\frac{\boxed{ケ}}{\boxed{コ}}|\vec{x}|^2=-\frac{1}{\boxed{サシ}}|\vec{y}|^2$$ である。

(3) **QR**//**BS** および **PS**//**BR** が成り立つとする。このとき，

$$a=\frac{\boxed{スセ}+\sqrt{\boxed{ソ}}}{\boxed{タ}},\ b=\frac{\boxed{チ}+\sqrt{\boxed{ツ}}}{\boxed{テ}}$$ である。

(4) (2) と (3) の条件が同時に成り立つとき $\frac{|\vec{y}|}{|\vec{x}|}=\boxed{ト}$ であるから

$$\cos\angle PBQ=\frac{\boxed{ナ}-\sqrt{\boxed{ニ}}}{\boxed{ヌ}}$$ を得る。

ヒント！ (1)は，$\overrightarrow{BP}=\vec{x}$, $\overrightarrow{PA}=a\vec{x}$, $\overrightarrow{BQ}=\vec{y}$, $\overrightarrow{QC}=\frac{1}{b}\vec{y}$ となるので，後は"まわり道の原理"を使って $\overrightarrow{QR}$, $\overrightarrow{PS}$, $\overrightarrow{BS}$, $\overrightarrow{BR}$ を $\vec{x}$ と $\vec{y}$ で表せばいい。(2)では内積の演算，(3)では，ベクトルの平行条件を使うことになるよ。(4)では，内積の定義式 $\vec{x}\cdot\vec{y}=|\vec{x}||\vec{y}|\cos\angle PBQ$ を利用するんだね。

Babaのレクチャー

"まわり道の原理"をマスターしよう！

ベクトルでは，始点と終点さえ一致すれば，AからBに直線的に行く場合$(\overrightarrow{AB})$も，右図のようにCやOやPなどの中継点を経由していく場合も同じなんだ。

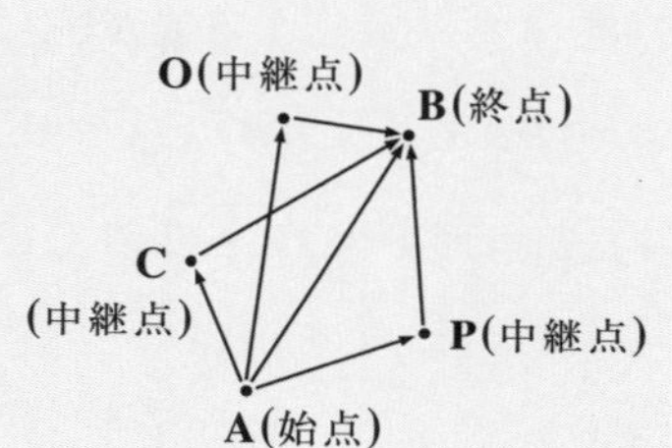

(i) たし算形式のまわり道の原理

$$\overrightarrow{AB}=\overrightarrow{AC}+\overrightarrow{CB}=\overrightarrow{AO}+\overrightarrow{OB}=\overrightarrow{AP}+\overrightarrow{PB}=\cdots\cdots$$

（$\overrightarrow{AC}=-\overrightarrow{CA}$，$\overrightarrow{AO}=-\overrightarrow{OA}$，$\overrightarrow{AP}=-\overrightarrow{PA}$）

(ii) 引き算形式のまわり道の原理

$$\overrightarrow{AB}=\overrightarrow{CB}-\overrightarrow{CA}=\overrightarrow{OB}-\overrightarrow{OA}=\overrightarrow{PB}-\overrightarrow{PA}=\cdots\cdots$$

解答＆解説

平行四辺形ABCDに対して，

PR//BC，SQ//AB，かつ

AP：PB$=a$：1，BQ：QC$=b$：1

となるように，4点P，Q，R，Sをとる。

$(a>0,\ b>0)$

ここで，$\overrightarrow{BP}=\vec{x}$，$\overrightarrow{BQ}=\vec{y}$ とおくと，

図1から明らかに，

$\overrightarrow{PA}=a\vec{x}$，$\overrightarrow{QC}=\frac{1}{b}\vec{y}$ となるね。

ココがポイント

図1

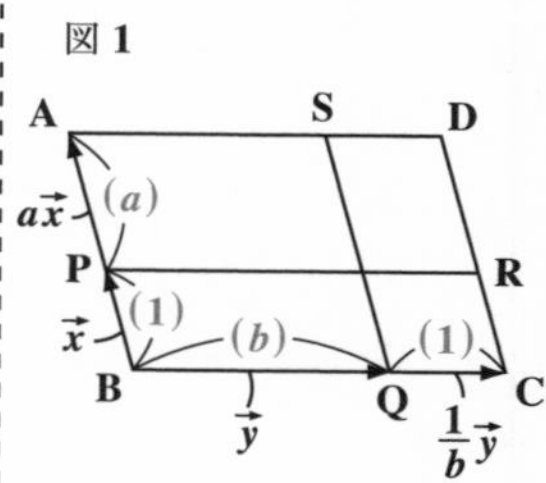

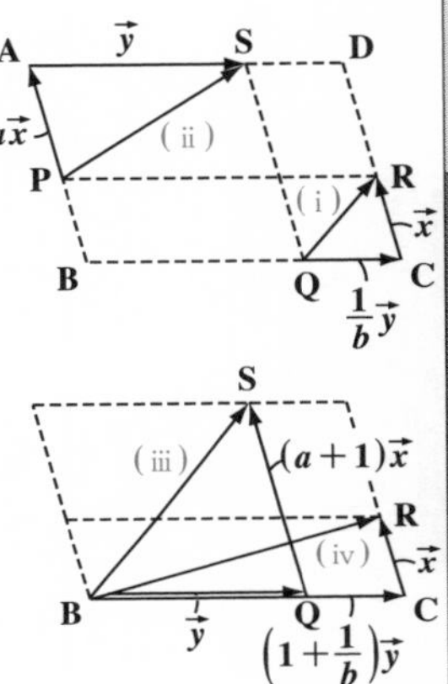

(1) まわり道の原理を用いると，

(i) $\overrightarrow{QR}=\overrightarrow{QC}+\overrightarrow{CR}=\vec{x}+\frac{1}{b}\vec{y}$ ……①
　$\overrightarrow{QC}=\frac{1}{b}\vec{y}$，$\overrightarrow{CR}=\vec{x}$ …………(答)(ア，イ)

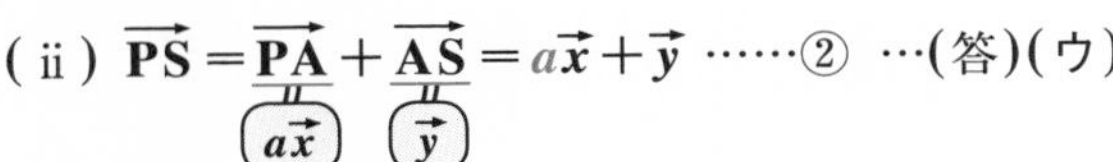

(ii) $\overrightarrow{PS}=\overrightarrow{PA}+\overrightarrow{AS}=a\vec{x}+\vec{y}$ ……② …(答)(ウ)
　$\overrightarrow{PA}=a\vec{x}$，$\overrightarrow{AS}=\vec{y}$

(iii) $\overrightarrow{BS}=\overrightarrow{BQ}+\overrightarrow{QS}=(a+1)\vec{x}+\vec{y}$ ……③
　$\overrightarrow{BQ}=\vec{y}$，$\overrightarrow{QS}=(a+1)\vec{x}$ …………(答)(エ，オ)

(iv) $\overrightarrow{BR}=\overrightarrow{BC}+\overrightarrow{CR}=\vec{x}+\left(1+\frac{1}{b}\right)\vec{y}$ ……④
　$\overrightarrow{BC}=\left(1+\frac{1}{b}\right)\vec{y}$，$\overrightarrow{CR}=\vec{x}$ ………(答)(カ，キ，ク)

(2) $\overrightarrow{PS}\cdot\vec{x}=-\vec{x}\cdot\vec{y}=\vec{y}\cdot\overrightarrow{QR}$ が成り立つとき，これを分解して，次の(i)(ii)が共に成り立つ。

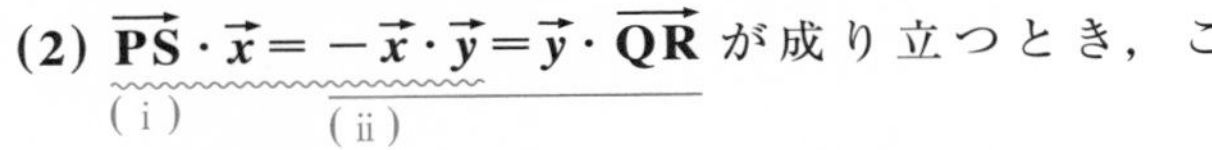

⇦これは(i)，(ii)の2つの等式に分けて考える。

(i) $\overrightarrow{PS}\cdot\vec{x}=-\vec{x}\cdot\vec{y}$
　$\overrightarrow{PS}=(a\vec{x}+\vec{y})$ (②より)

$(a\vec{x}+\vec{y})\cdot\vec{x}=-\vec{x}\cdot\vec{y}$ (②より)

$a|\vec{x}|^2+\vec{x}\cdot\vec{y}=-\vec{x}\cdot\vec{y}$

⇦整式の展開
$(ax+y)x=ax^2+xy$
と同じだ！

$\therefore\ \vec{x}\cdot\vec{y}=-\frac{a}{2}|\vec{x}|^2$ ……⑤ ……(答)(ケ，コ)

(ii) $-\vec{x}\cdot\vec{y}=\vec{y}\cdot\overrightarrow{QR}$
　$\overrightarrow{QR}=\vec{x}+\frac{1}{b}\vec{y}$ (①より)

$-\vec{x}\cdot\vec{y}=\vec{y}\cdot\left(\vec{x}+\frac{1}{b}\vec{y}\right)$

⇦内積の演算

$-\vec{x}\cdot\vec{y}=\vec{x}\cdot\vec{y}+\frac{1}{b}|\vec{y}|^2$

$\therefore\ \vec{x}\cdot\vec{y}=-\frac{1}{2b}|\vec{y}|^2$ ……⑥…………(答)(サシ)

(3) $\cdot\overrightarrow{QR}/\!/\overrightarrow{BS}$ のとき，

$$\begin{cases}\overrightarrow{QR}=1\cdot\vec{x}+\frac{1}{b}\vec{y} & \cdots\cdots①\\ \overrightarrow{BS}=(a+1)\vec{x}+1\cdot\vec{y} & \cdots\cdots③\end{cases}$$ より，

$1:(a+1)=\frac{1}{b}:1$

$1\cdot1=\frac{1}{b}(a+1)\quad\therefore\ b=a+1$ ……⑦

$\cdot\overrightarrow{PS}/\!/\overrightarrow{BR}$ のとき，

$$\begin{cases}\overrightarrow{PS}=a\vec{x}+1\cdot\vec{y} & \cdots\cdots②\\ \overrightarrow{BR}=1\cdot\vec{x}+\left(1+\frac{1}{b}\right)\vec{y} & \cdots\cdots④\end{cases}$$ より，

$a:1=1:\left(1+\frac{1}{b}\right)$

$a\left(1+\frac{1}{b}\right)=1\cdot1\quad\therefore\ a(b+1)=b$ ……⑧

⑦を⑧に代入して b を消去すると，

$a(a+1+1)=a+1,\ a^2+a-1=0$

$a>0$ より，$a=\frac{-1+\sqrt{5}}{2}$

………(答)(スセ，ソ，タ)

⑦より，$b=a+1=\frac{1+\sqrt{5}}{2}$

………(答)(チ，ツ，テ)

⇦ $\overrightarrow{QR}/\!/\overrightarrow{BS}$ のとき，平行条件より $\overrightarrow{QR}=k\overrightarrow{BS}$ (k：実数) となるので，$\overrightarrow{QR}$ と $\overrightarrow{BS}$ の $\vec{x}$ と $\vec{y}$ の係数の比が等しくなる。

⇦ $\overrightarrow{PS}/\!/\overrightarrow{BR}$ より，$\overrightarrow{PS}$ と $\overrightarrow{BR}$ の $\vec{x}$ と $\vec{y}$ の係数の比が等しくなる。

⇦ $a>0$ より $a=\frac{-1-\sqrt{5}}{2}$ は解じゃない！

(4) まず，$|\vec{x}|$ と $|\vec{y}|$ の比を調べる。

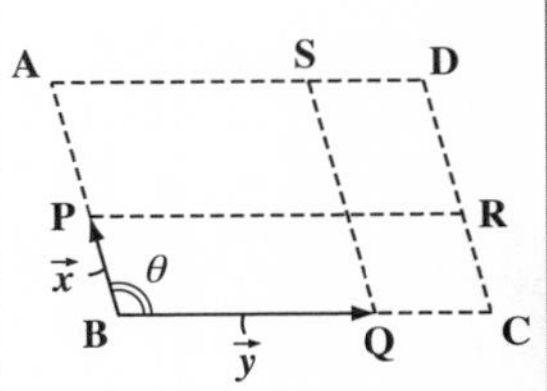

$$\begin{cases} \vec{x}\cdot\vec{y} = -\dfrac{a}{2}|\vec{x}|^2 & \cdots\cdots⑤ \\ \vec{x}\cdot\vec{y} = -\dfrac{1}{2b}|\vec{y}|^2 & \cdots\cdots⑥ \end{cases}$$ より，

$\vec{x}\cdot\vec{y}$ を消去して，

$$-\frac{a}{2}|\vec{x}|^2 = -\frac{1}{2b}|\vec{y}|^2, \quad ab = \frac{|\vec{y}|^2}{|\vec{x}|^2}$$

$$\frac{|\vec{y}|^2}{|\vec{x}|^2} = ab = \frac{-1+\sqrt{5}}{2}\cdot\frac{1+\sqrt{5}}{2}$$

$$= \frac{(\sqrt{5})^2 - 1^2}{4} = 1$$

$$\therefore \frac{|\vec{y}|}{|\vec{x}|} = 1 \quad \cdots\cdots⑨ \quad \cdots\cdots\cdots\cdots(\text{答})(\text{ト})$$

⇦ $\dfrac{|\vec{y}|}{|\vec{x}|} > 0$ より，$\dfrac{|\vec{y}|}{|\vec{x}|} = -1$ は除く！

⑨より，$|\vec{y}| = |\vec{x}|$ ……⑨′ となる。

また，$\angle\text{PBQ} = \theta$ とおくと，内積の定義より，

$$\vec{x}\cdot\vec{y} = |\vec{x}||\vec{y}|\cos\theta = |\vec{x}|^2\cdot\cos\theta \quad \cdots\cdots⑩$$

（$|\vec{y}| = |\vec{x}|$（⑨′より））

⑩を⑤に代入して，

$$|\vec{x}|^2\cdot\cos\theta = -\frac{a}{2}|\vec{x}|^2$$

$|\vec{x}|^2 > 0$ より，両辺を $|\vec{x}|^2$ で割って，

$$\cos\theta = \cos\angle\text{PBQ} = -\frac{1}{2}\cdot\frac{-1+\sqrt{5}}{2}$$

$$= \frac{1-\sqrt{5}}{4} \quad \cdots\cdots\cdots\cdots(\text{答})(\text{ナ, ニ, ヌ})$$

どう？ **(1)** は，まわり道の原理の問題で，**(2)**，**(3)** は **(4)** を解くための導入だったんだね。このような，共通テスト独自の誘導形式にも慣れるように練習しようね。

ではここで，成分表示の平面ベクトルの基本問題を解いてみよう。

演習問題 52	制限時間５分	難易度	CHECK1	CHECK2	CHECK3

原点Oを中心とする半径2の円周上に4点A(2, 0), B(0, 2), C$(-\sqrt{2}, \sqrt{2})$, D$(-\sqrt{2}, -\sqrt{2})$ がある。線分ACの中点をP，線分BDの中点をQとおくと，P$\left(\dfrac{\boxed{ア}-\sqrt{\boxed{イ}}}{2}, \dfrac{\sqrt{\boxed{ウ}}}{2}\right)$であり，Q$\left(\dfrac{\boxed{エ}\sqrt{\boxed{オ}}}{2}, \dfrac{\boxed{カ}-\sqrt{\boxed{キ}}}{2}\right)$である。また，線分PQの長さは，PQ$=\sqrt{\boxed{ク}-\boxed{ケ}\sqrt{\boxed{コ}}}$である。次に，直線PQと$x$軸との交点をRとおくと，R$\left(\boxed{サ}\sqrt{\boxed{シ}}, 0\right)$である。

ヒント！ $\overrightarrow{OP}=\dfrac{1}{2}(\overrightarrow{OA}+\overrightarrow{OC})$，$\overrightarrow{OQ}=\dfrac{1}{2}(\overrightarrow{OB}+\overrightarrow{OD})$より，点P，Qの座標を求め線分PQの長さを求めよう。次に，$\overrightarrow{OR}=\overrightarrow{OP}+t\overrightarrow{PQ}$（$t$：未知数）とおいて，$\overrightarrow{OR}$の$y$成分が0となることから，$t$の値を決定して，$\overrightarrow{OR}$を求めればいいんだね。

解答＆解説

ココがポイント

Oを中心とする半径2の円周上の4点A(2, 0), B(0, 2), C$(-\sqrt{2}, \sqrt{2})$, D$(-\sqrt{2}, -\sqrt{2})$を示す。よって，

$\overrightarrow{OA}=(2, 0)$，$\overrightarrow{OB}=(0, 2)$

$\overrightarrow{OC}=(-\sqrt{2}, \sqrt{2})$，$\overrightarrow{OD}=(-\sqrt{2}, -\sqrt{2})$

となる。

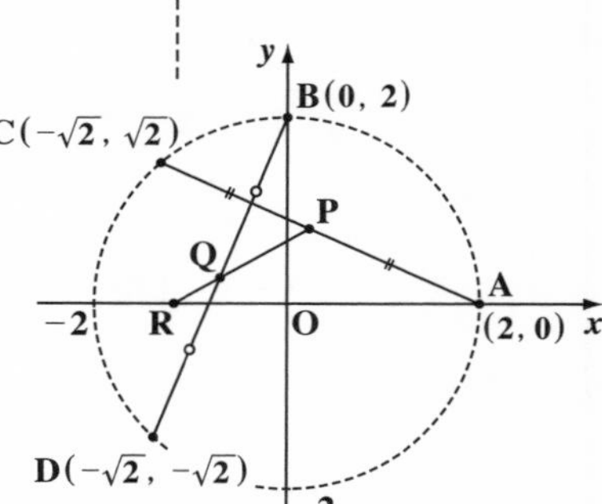

・線分ACの中点Pについて，

$$\overrightarrow{OP}=\frac{1}{2}(\overrightarrow{OA}+\overrightarrow{OC})$$
$$=\frac{1}{2}\{(2, 0)+(-\sqrt{2}, \sqrt{2})\}$$
$$=\frac{1}{2}(2-\sqrt{2}, \sqrt{2})=\left(\frac{2-\sqrt{2}}{2}, \frac{\sqrt{2}}{2}\right) \cdots\cdots①$$

∴点P$\left(\dfrac{2-\sqrt{2}}{2}, \dfrac{\sqrt{2}}{2}\right)$である。……(答)

(ア，イ，ウ)

・線分 BD の中点 Q について

$$\overrightarrow{OQ}=\frac{1}{2}(\overrightarrow{OB}+\overrightarrow{OD})=\frac{1}{2}\{(0,\ 2)+(-\sqrt{2},\ -\sqrt{2})\}$$

$$=\left(-\frac{\sqrt{2}}{2},\ \frac{2-\sqrt{2}}{2}\right)\ \cdots\cdots②$$

$$\therefore\text{点 Q}\left(\frac{-\sqrt{2}}{2},\ \frac{2-\sqrt{2}}{2}\right)\ \cdots\cdots(\text{答})(\text{エ, オ, カ, キ})$$

・①，②より，

$$\overrightarrow{PQ}=\overrightarrow{OQ}-\overrightarrow{OP}$$

$$=\left(-\frac{\sqrt{2}}{2},\ \frac{2-\sqrt{2}}{2}\right)-\left(\frac{2-\sqrt{2}}{2},\ \frac{\sqrt{2}}{2}\right)$$

$$=(-1,\ 1-\sqrt{2})\ \cdots\cdots③\quad\text{となる。}$$

⇦ まわり道の原理
$\overrightarrow{PQ}=\overrightarrow{OQ}-\overrightarrow{OP}$

$$\therefore PQ=|\overrightarrow{PQ}|=\sqrt{\underbrace{(-1)^2+(1-\sqrt{2})^2}_{1+1-2\sqrt{2}+2=4-2\sqrt{2}}}$$

$$=\sqrt{4-2\sqrt{2}}\quad\text{である。}\cdots\cdots\cdots(\text{答})(\text{ク, ケ, コ})$$

⇦ $\overrightarrow{PQ}=(x_1,\ y_1)$ のとき，
$|\overrightarrow{PQ}|=\sqrt{x_1^2+y_1^2}$

・直線 PQ と x 軸との交点を R とおくと，①と③より，

$$\overrightarrow{OR}=\overrightarrow{OP}+t\overrightarrow{PQ}\quad(t：\text{実数定数})$$

$$=\left(1-\frac{\sqrt{2}}{2},\ \frac{\sqrt{2}}{2}\right)+t(-1,\ 1-\sqrt{2})$$

$$=\left(1-\frac{\sqrt{2}}{2}-t,\ \underbrace{\frac{\sqrt{2}}{2}+t(1-\sqrt{2})}_{0\ (\because\text{点 R の } y \text{ 座標は } 0)}\right)\cdots④\ \text{となる。}$$

⇦ まわり道の原理

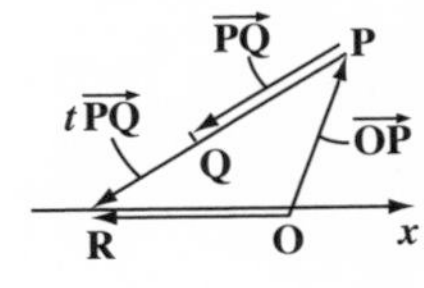

ここで，点 R の y 座標は 0 より，

$$\frac{\sqrt{2}}{2}+t(1-\sqrt{2})=0\quad\therefore t=1+\frac{\sqrt{2}}{2}$$

⇦ $(\sqrt{2}-1)t=\frac{\sqrt{2}}{2}$
$t=\frac{\sqrt{2}}{2(\sqrt{2}-1)}=\frac{\sqrt{2}(\sqrt{2}+1)}{2(2-1)}$
$=\frac{2+\sqrt{2}}{2}=1+\frac{\sqrt{2}}{2}$

これを④に代入して，

$$\overrightarrow{OR}=\left(1-\frac{\sqrt{2}}{2}-\left(1+\frac{\sqrt{2}}{2}\right),\ 0\right)=(-\sqrt{2},\ 0)$$

$$\therefore\text{点 R}(-\sqrt{2},\ 0)\quad\text{である。}\cdots\cdots\cdots\cdots\cdots(\text{答})(\text{サ, シ})$$

次も，過去に出題された問題で，平面ベクトルの成分表示の問題だよ。

演習問題 53	制限時間 12 分	難易度 ★★	CHECK 1	CHECK 2	CHECK 3

座標平面上の 3 点 O(0, 0)，P(4, 0)，Q(0, 3) を頂点とする三角形 OPQ の内部に三角形 ABC があるとする。

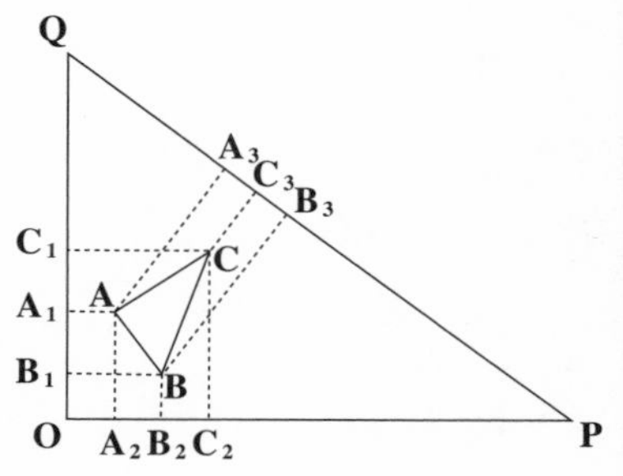

A，B，C から直線 OQ に引いた垂線と OQ との交点をそれぞれ A_1，B_1，C_1 とする。A，B，C から直線 OP に引いた垂線と OP との交点をそれぞれ A_2，B_2，C_2 とする。A，B，C から直線 PQ に引いた垂線と PQ との交点をそれぞれ A_3，B_3，C_3 とする。

A_1 が線分 B_1C_1 の中点であり，B_2 が線分 A_2C_2 の中点であり，C_3 が線分 A_3B_3 の中点であるとする。

$\overrightarrow{AB}=(x,\ y)$，$\overrightarrow{AC}=(z,\ w)$ とおく。A_1 が線分 B_1C_1 の中点であるから $w=$ ［ア］ y である。B_2 が線分 A_2C_2 の中点であるから，$z=$ ［イ］ x である。

線分 AB の中点を D とすると，C_3 が線分 A_3B_3 の中点であるから，$\overrightarrow{CD}\cdot\overrightarrow{PQ}=$ ［ウ］ である。

また，$\overrightarrow{PQ}=($［エオ］, ［カ］$)$，$\overrightarrow{CD}=\dfrac{［キ］}{［ク］}(\overrightarrow{AB}-［ケ］\overrightarrow{AC})$ であるから $y=\dfrac{［コサ］}{［シ］}x$ である。

よって，$\overrightarrow{AB}=x\left(1,\ \dfrac{［コサ］}{［シ］}\right)$，$\overrightarrow{AC}=x\left(［イ］,\ \dfrac{［ス］}{［セ］}\right)$ である。

ゆえに $AC=\dfrac{［ソ］\sqrt{［タチ］}}{［ツ］}AB$，$\cos\angle BAC=\dfrac{\sqrt{［テト］}}{［ナニ］}$ である。

ヒント！ $\overrightarrow{AB}=(x, y)$, $\overrightarrow{AC}=(z, w)$ と成分表示されてるね。導入に従って計算していくと，y, z, w がすべて x で表されることになるんだ。特にポイントは，図形的に考えて，$\overrightarrow{CD} \perp \overrightarrow{PQ}$（直交）となることに気付くことだ。

Babaのレクチャー

内積の成分表示も重要だ！

右図のように，$\vec{a}=(x_1, y_1)$，$\vec{b}=(x_2, y_2)$ と成分表示されたとき，

内積 $\vec{a}\cdot\vec{b}=x_1x_2+y_1y_2$ となる。

$\vec{b}=(x_2, y_2)$　θ　$\vec{a}=(x_1, y_1)$

また，$|\vec{a}|=\sqrt{x_1^2+y_1^2}$，$|\vec{b}|=\sqrt{x_2^2+y_2^2}$

だから，$\vec{a}$ と $\vec{b}$ のなす角を θ とおくと，$\cos\theta$ は

$$\cos\theta=\frac{\vec{a}\cdot\vec{b}}{|\vec{a}||\vec{b}|}=\frac{x_1x_2+y_1y_2}{\sqrt{x_1^2+y_1^2}\cdot\sqrt{x_2^2+y_2^2}}$$ で求められるんだね。

解答＆解説

ココがポイント

3点O, P(4, 0), Q(0, 3) で出来る△OPQの内部に△ABCがあり，それぞれの点からOQ, OP, PQに下ろした垂線の足を，図1に示すように，A_i, B_i, C_i ($i=1, 2, 3,$) とおく。さらに，

- A_1 は線分 B_1C_1 の中点であり，
- B_2 は線分 A_2C_2 の中点であり，
- C_3 は線分 A_3B_3 の中点である。

という条件が与えられている。

図1

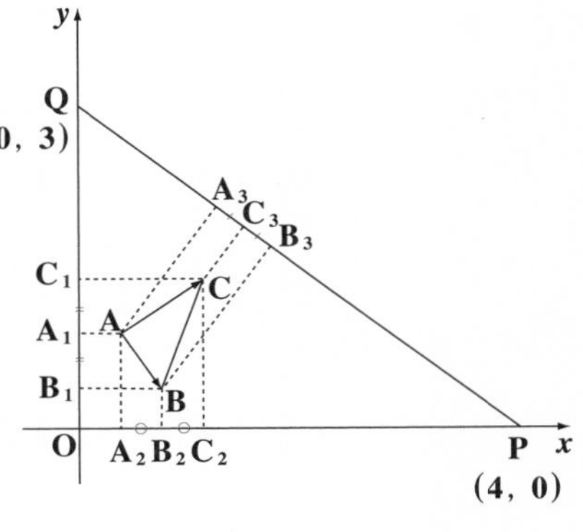

ここで，$\overrightarrow{AB}=(x,\ y)$，$\overrightarrow{AC}=(z,\ w)$

とおく。

図 2 より，

•点 A_1 は線分 B_1C_1 の中点より，

$\overrightarrow{A_1C_1}+\overrightarrow{A_1B_1}=\vec{0}$

$(0,\ w)+(0,\ y)=(0,\ w+y)=(0,\ 0)$

$\therefore\ w=-y$ ……①………………(答)(ア)

•点 B_2 は線分 A_2C_2 の中点より，

$\overrightarrow{A_2C_2}=2\overrightarrow{A_2B_2}$

$(z,\ 0)=2(x,\ 0)=(2x,\ 0)$

$\therefore\ z=2x$ ……②………………(答)(イ)

次に，線分 AB の中点を D とおくと，

$AD:DB=1:1$，$A_3C_3:C_3B_3=1:1$ で

$AA_3 /\!/ BB_3$ かつ $AA_3\perp PQ$ より，

図 3 から，

$DC_3 /\!/ AA_3$ かつ $DC_3\perp PQ$

よって，C は線分 DC_3 上の点だと分かるので，

$\overrightarrow{CD}\perp\overrightarrow{PQ}$ (直交) と言える。

$\therefore\ \overrightarrow{CD}\cdot\overrightarrow{PQ}=0$ ……③となる。………………(答)(ウ)

ここで，$\overrightarrow{PQ}=\overrightarrow{OQ}-\overrightarrow{OP}=(0,\ 3)-(4,\ 0)$ ← まわり道の原理

$=(-4,\ 3)$ ………………(答)(エオ, カ)

$\overrightarrow{CD}=\underbrace{\overrightarrow{AD}}_{\frac{1}{2}\overrightarrow{AB}}-\overrightarrow{AC}=\frac{1}{2}(\overrightarrow{AB}-2\overrightarrow{AC})$ ……(答)(キ, ク, ケ) ← まわり道の原理

$=\frac{1}{2}(x,\ y)-(\underbrace{z}_{2x},\ \underbrace{w}_{-y})=\left(-\frac{3}{2}x,\ \frac{3}{2}y\right)$

(①，②より)

図 2

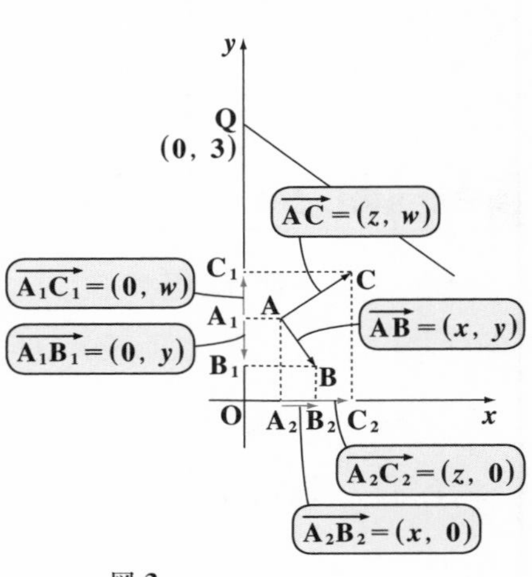

図 3

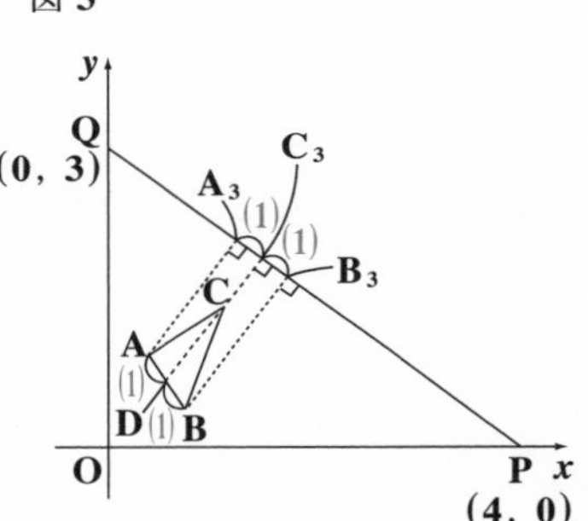

$\overrightarrow{PQ}=(-4,\ 3)\cdots④$, $\overrightarrow{CD}=\left(-\frac{3}{2}x,\ \frac{3}{2}y\right)\cdots⑤$

とおく。④，⑤を③に代入すると，

$\left(-\frac{3}{2}x,\ \frac{3}{2}y\right)\cdot(-4,\ 3)=0$ より，

$-4\cdot\left(-\frac{3}{2}x\right)+3\cdot\frac{3}{2}y=0$

$6x+\frac{9}{2}y=0,\quad y=\frac{2}{9}\cdot(-6x)$

$\therefore\ y=\frac{-4}{3}x$ ……………………………………(答)(コサ, シ)

よって，

$$\begin{cases}\overrightarrow{AB}=\left(x,\ \underbrace{-\frac{4}{3}x}_{y}\right)=x\left(1,\ \frac{-4}{3}\right) & \text{………(答)(コサ, シ)}\\ \overrightarrow{AC}=\left(\underbrace{2x}_{z},\ \underbrace{\frac{4}{3}x}_{w=-y}\right)=x\left(2,\ \frac{4}{3}\right) & \text{……………(答)(ス, セ)}\end{cases}$$

これから，

$$\begin{cases}AB=|\overrightarrow{AB}|=x\cdot\sqrt{1^2+\left(-\frac{4}{3}\right)^2}=x\cdot\sqrt{\frac{25}{9}}=\frac{5}{3}x\\ AC=|\overrightarrow{AC}|=x\cdot\sqrt{2^2+\left(\frac{4}{3}\right)^2}=x\cdot\sqrt{\frac{52}{9}}=\frac{2\sqrt{13}}{3}x\end{cases}$$

となるね。

$\therefore\ AC=\frac{2\sqrt{13}}{5}\cdot\underbrace{\frac{5}{3}x}_{AB}=\frac{2\sqrt{13}}{5}AB$ ……(答)(ソ, タチ, ツ)

⇦ $\vec{a}=(x_1,\ y_1)$，$\vec{b}=(x_2,\ y_2)$ のとき，内積は，$\vec{a}\cdot\vec{b}=x_1x_2+y_1y_2$ となる。この公式を使った！

⇦ $x>0$ より，$|x|=x$ だね。

ここで，$\overrightarrow{AB}$ と $\overrightarrow{AC}$ のなす角を $\underset{\angle BAC}{\underset{\shortparallel}{\theta}}$ とおくよ。

すると，

$$\overrightarrow{AB}\cdot\overrightarrow{AC}=x\cdot 2x+\left(-\frac{4}{3}x\right)\cdot\frac{4}{3}x$$

$$=2x^2-\frac{16}{9}x^2=\frac{2}{9}x^2$$

また，$|\overrightarrow{AB}|=\frac{5}{3}x$，$|\overrightarrow{AC}|=\frac{2\sqrt{13}}{3}x$ は分かっているので，内積の定義式から，

$$\underset{\angle BAC}{\underset{\shortparallel}{\cos\theta}}=\frac{\overrightarrow{AB}\cdot\overrightarrow{AC}}{|\overrightarrow{AB}||\overrightarrow{AC}|}=\frac{\frac{2}{9}x^2}{\frac{5}{3}x\cdot\frac{2\sqrt{13}}{3}x}$$

$$=\frac{2}{5\times2\sqrt{13}}=\frac{1}{5\sqrt{13}}$$

以上より，

$\cos\angle BAC=\frac{\sqrt{13}}{65}$ となる。……………(答)(テト，ナニ)

$\overrightarrow{AC}=\left(2x,\ \frac{4}{3}x\right)$

A θ C B

$\overrightarrow{AB}=\left(x,\ -\frac{4}{3}x\right)$

⇦内積の定義式
$\overrightarrow{AB}\cdot\overrightarrow{AC}$
$=|\overrightarrow{AB}||\overrightarrow{AC}|\cos\theta$
より

どう？ 制限時間内に解くのが難しかった？ そうだね。**1**つ**1**つの問題の難度が高いわけではないんだけれど，これだけ長いとかなり時間を消耗するかもしれない。でも，これが共通テストレベルだから，瞬時に判断して正確にスピーディーに計算できるように，繰り返し練習していこう！

● 空間ベクトルの問題も攻略しよう！

まず，空間ベクトルのウォーミングアップ問題を解いてみよう。ただし，今回の問題では“メネラウスの定理”も重要な役割を演じるんだよ。

演習問題 54	制限時間 7 分	難易度	CHECK 1	CHECK 2	CHECK 3

正四面体 **OABC** において $\overrightarrow{OA}=\vec{a}$，$\overrightarrow{OB}=\vec{b}$，$\overrightarrow{OC}=\vec{c}$ とする。

辺 **OA** を **4：3** に内分する点を **P**，辺 **BC** を **5：3** に内分する点を ***Q*** とする。

そのとき，$\overrightarrow{PQ}=\dfrac{\boxed{アイ}}{\boxed{ウ}}\vec{a}+\dfrac{\boxed{エ}}{\boxed{オ}}\vec{b}+\dfrac{\boxed{カ}}{\boxed{キ}}\vec{c}$ である。

線分 **PQ** の中点を **R** とし，直線 **AR** が△**OBC** の定める平面と交わる点を ***S*** とする。そのとき，**AR**：**AS**＝$\boxed{ク}$：$\boxed{ケ}$ である。

ヒント！ 空間ベクトルと平面ベクトルの大きな違いは，平面では，平行でなくかつ $\vec{0}$ でもない **2** つのベクトル $\vec{a}$ と $\vec{b}$ の **1** 次結合 $s\vec{a}+t\vec{b}$ でどんなベクトルも表せたけど，空間ベクトルでは同様の **3** つのベクトル $\vec{a}$ と $\vec{b}$ と $\vec{c}$ の **1** 次結合 $s\vec{a}+t\vec{b}+u\vec{c}$ によってはじめて，どんなベクトルでも表せるようになるんだよ。$\overrightarrow{PQ}$ も，まわり道の原理や内分点の公式を使って $\vec{a}$，$\vec{b}$，$\vec{c}$ で表せる。

解答＆解説

（4 枚の正三角形で出来た三角すいのこと）

図 **1** の正四面体 **OABC** を見てくれ。

2 点 **P**，**Q** を **OP**：**PA**＝**4**：**3**，**BQ**：**QC**＝**5**：**3** となるようにとってるね。ここで，まわり道の原理より，

$$\overrightarrow{PQ}=\overrightarrow{OQ}-\overrightarrow{OP} \quad \cdots\cdots①$$ だ。

後は，$\overrightarrow{OP}$ と $\overrightarrow{OQ}$ を $\vec{a}$，$\vec{b}$，$\vec{c}$ で表せばいいんだね。

$$\overrightarrow{OP}=\frac{4}{7}\vec{a} \quad \cdots\cdots②$$

ココがポイント

図 1

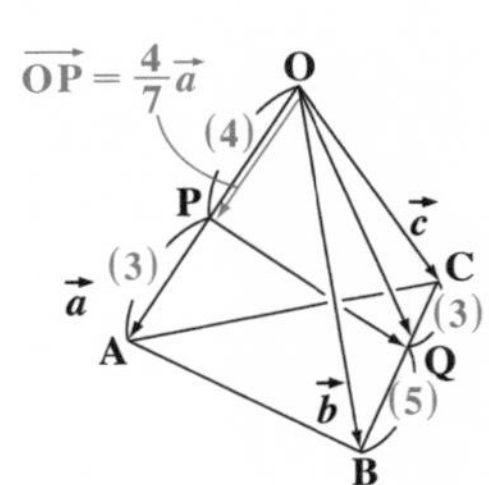

図 **2** のように三角形 **OBC** で考えれば，$\overrightarrow{\mathrm{OQ}}$ は内分点の公式を使って，

$$\overrightarrow{\mathrm{OQ}}=\frac{3\vec{b}+5\vec{c}}{5+3}=\frac{3}{8}\vec{b}+\frac{5}{8}\vec{c}\ \cdots\cdots③$$ だね。

②，③を①に代入して，まとめると，

$$\overrightarrow{\mathrm{PQ}}=\frac{-4}{7}\vec{a}+\frac{3}{8}\vec{b}+\frac{5}{8}\vec{c}\ \cdots$$(答)(アイ，ウ，エ，オ，カ，キ)

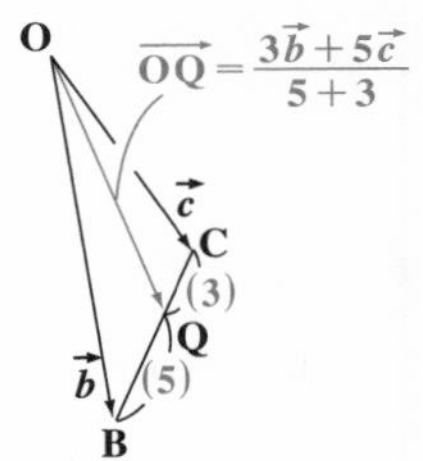

次，図 **3** に示すように，線分 **PQ** の中点を **R** とおき，直線 **AR** と△**OBC** の交点を ***S*** とおくんだね。ここで，この四面体を△**OAQ** の断面で考えると話が分かりやすくなるだろう。

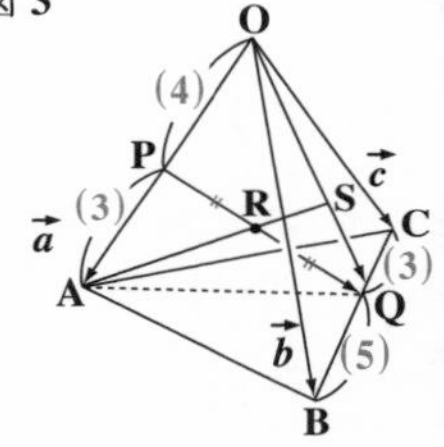

図 **4** にその断面の△**OAQ** を示すよ。ここで，**AR**：**AS** を求めるために，**AR**：**RS** の比が分かればいいんだね。そのためには，“急がばまわれ”で，**OS**：**SQ** = ***u***：***v*** とおいて，この比をメネラウスの定理から，まず求めてみよう。

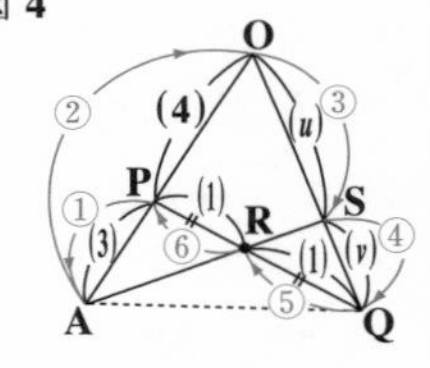

$$\frac{7}{3}\times\frac{v}{u}\times\frac{1}{1}=1\quad\therefore\ \frac{v}{u}=\frac{3}{7}$$ より，$u:v=7:3$ だ。

これが分かったので，次に，**AR**：**RS** = ***m***：***n*** とおいて，図 **5** のようにもう **1** 度メネラウスの定理を使うと，

$$\frac{10}{3}\times\frac{3}{4}\times\frac{n}{m}=1\quad\therefore\ \frac{n}{m}=\frac{2}{5}$$ より，$m:n=5:2$

となって，出てきたね。

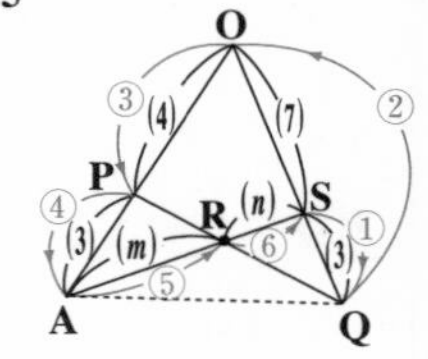

よって，求める **AR**：**AS** の比は図 **6** より，

AR：**AS**＝5：7 ……………………………(答)(ク，ケ)

図 6

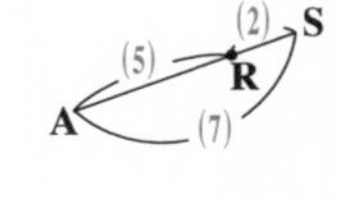

どうだった？ 空間ベクトルといっても，平面ベクトルのときとそれ程違和感なく解けただろう。最後に，“メネラウスの定理”を忘れている人のために，次のポイント・レクチャーで解説しておこう。

Babaのレクチャー

メネラウスの定理も重要だ！

右図に示すように，三角形の **2** つの頂点から **2** 本の直線が出て，その対辺との交点が内分点になっている場合を考える。この内分点の **1** つを出発点として，

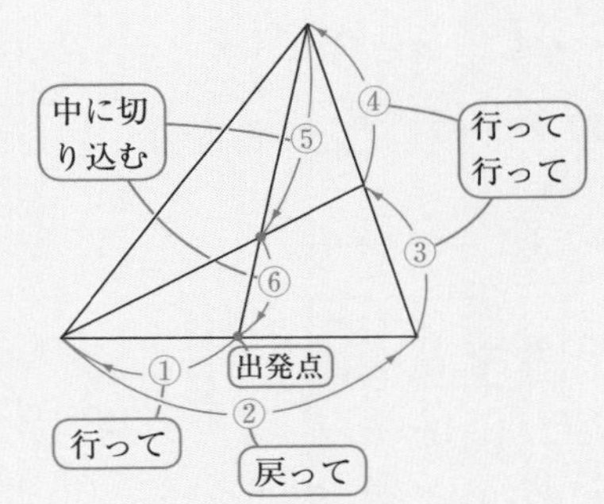

①で行った後，②で戻り，

その後，③，④とそのまま行き，

最後に⑤，⑥で中に切り込んで，元の出発点の位置に帰ってくるとき，①～⑥の線分比に，

$\dfrac{②}{①}\times\dfrac{④}{③}\times\dfrac{⑥}{⑤}=1$ の関係式が成り立つ。これが，メネラウスの定理だ。これは，数学 **I**・**A** の“図形の性質”の定理なんだけど，“チェバの定理”と同様に，“ベクトル”でも役に立つ場合があり，時間をセーブする上で切り札となる定理なので，使えるときはズバリ利用してくれ！

● 成分表示された空間ベクトルの問題にも挑戦だ！

次の問題は，過去に出題された問題で，成分表示された空間ベクトルの問題だよ。内分点の公式，ベクトルの内積など，頻出テーマを扱った，手頃なレベルの問題なので，制限時間内に解いてみてくれ！

演習問題 55	制限時間 12 分	難易度 ☆☆	CHECK1	CHECK2	CHECK3

四面体の四つの頂点を O，L，M，N とする。線分 OL を 2：1 に内分する点を P とし，線分 MN の中点を Q とする。a と b を 1 より小さい正の実数とする。線分 ON を $a:(1-a)$ に内分する点を R とし，線分 LM を b ：$(1-b)$ に内分する点を S とする。

$\vec{l}=\overrightarrow{OL}$，$\vec{m}=\overrightarrow{OM}$，$\vec{n}=\overrightarrow{ON}$ とおく。

(1) $\overrightarrow{RS}=(\boxed{ア}-\boxed{イ})\vec{l}+\boxed{ウ}\vec{m}-\boxed{エ}\vec{n}$,

$\overrightarrow{RP}=\dfrac{\boxed{オ}}{\boxed{カ}}\vec{l}-\boxed{キ}\vec{n}$,

$\overrightarrow{RQ}=\dfrac{\boxed{ク}}{\boxed{ケ}}\vec{m}+\left(\dfrac{\boxed{コ}}{\boxed{サ}}-\boxed{シ}\right)\vec{n}$ が成立する。

(2) 以下 $\vec{l}=(1,\ 0,\ 0)$，$\vec{m}=(0,\ 1,\ 0)$，$\vec{n}=(0,\ 0,\ 1)$ の場合を考える。

点 S が 3 点 P，Q，R の定める平面上にあるとする。このとき，$\overrightarrow{RS}$ は実数 x と y を用いて，$\overrightarrow{RS}=x\overrightarrow{RP}+y\overrightarrow{RQ}$ と表せる。

これより，$x=\dfrac{\boxed{ス}}{\boxed{セ}}(1-b)$，$y=\boxed{ソ}\,b$ となり，

a と b は $\boxed{タチ}+\boxed{ツ}-\boxed{テト}=0$ を満たすことがわかる。

さらに，$\overrightarrow{RP}$ と $\overrightarrow{RQ}$ が垂直になるのは，$a=\dfrac{\boxed{ナ}}{\boxed{ニ}}$，$b=\dfrac{\boxed{ヌ}}{\boxed{ネ}}$ のとき

であり，このとき $\overrightarrow{PQ}$ と $\overrightarrow{RS}$ の内積は $\overrightarrow{PQ}\cdot\overrightarrow{RS}=\dfrac{\boxed{ノハヒ}}{\boxed{フヘ}}$ となる。

ヒント！　今回は，正四面体ではないので，まず，正三角形ではない不定形な **4** 枚の三角形を側面に持つ三角すいを考えてくれたらいい。**(1)** では，"まわり道の原理" と "内分点の公式" を使えばすぐ解けるはずだ。**(2)** は空間ベクトルの成分表示の問題になる。これについても，まずその基本を **Baba** のレクチャーで示しておこう。

Babaのレクチャー

成分表示された空間ベクトルの取り扱い方について解説しよう。

$\vec{a}=(x_1,\ y_1,\ z_1)$，$\vec{b}=(x_2,\ y_2,\ z_2)$

このとき，

内積 $\vec{a}\cdot\vec{b}=x_1x_2+y_1y_2+z_1z_2$　だ。

また，$|\vec{a}|=\sqrt{x_1^2+y_1^2+z_1^2}$，$|\vec{b}|=\sqrt{x_2^2+y_2^2+z_2^2}$　だね。

（平面ベクトルのときに比べて，この項が **1** つ増えるんだ！）

よって，

$\vec{a}\cdot\vec{b}=|\vec{a}||\vec{b}|\cos\theta$ より，

$$\cos\theta=\frac{\vec{a}\cdot\vec{b}}{|\vec{a}||\vec{b}|}=\frac{x_1x_2+y_1y_2+z_1z_2}{\sqrt{x_1^2+y_1^2+z_1^2}\sqrt{x_2^2+y_2^2+z_2^2}}$$ となるんだ。

また，$\vec{a}$ と $\vec{b}$ の直交条件と平行条件も次の通りだ。

(ⅰ) $\vec{a}\perp\vec{b}$ のとき，$\vec{a}\cdot\vec{b}=$ $\boxed{x_1x_2+y_1y_2+z_1z_2=0}$ ← 直交条件

(ⅱ) $\vec{a}/\!/\vec{b}$ のとき，$\vec{a}=k\vec{b}$ より，$\boxed{\dfrac{x_1}{x_2}=\dfrac{y_1}{y_2}=\dfrac{z_1}{z_2}}$ ← 平行条件

解答＆解説

四面体 **OLMN** (図 **1**) に対して，

OP : PL = 2 : 1，**MQ : QN = 1 : 1**

OR : RN = a **: (1 −** a**)**，**LS : SM =** b **: (1 −** b**)**

となるように，**4** 点 **P**，**Q**，**R**，**S** をとる。

また，$\overrightarrow{OL}=\vec{l}$，$\overrightarrow{OM}=\vec{m}$，$\overrightarrow{ON}=\vec{n}$ とおく。

（すべてのベクトルをこの $\vec{l}$，$\vec{m}$，$\vec{n}$ の **1** 次結合で表せる！）

ココがポイント

図 **1**

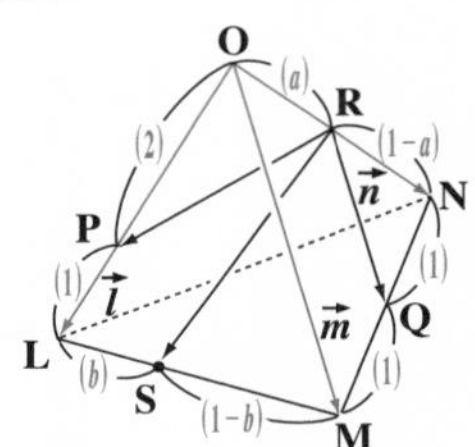

(1) $\overrightarrow{RS}$, $\overrightarrow{RP}$, $\overrightarrow{RQ}$ を $\vec{l}$, $\vec{m}$, $\vec{n}$ で表す。

(ⅰ) $\overrightarrow{RS} = \overrightarrow{OS} - \overrightarrow{OR}$ ←まわり道の原理

$= (1-b)\vec{l} + b\vec{m} - a\vec{n}$ …① (答)(ア, イ, ウ, エ)

(ⅱ) $\overrightarrow{RP} = \overrightarrow{OP} - \overrightarrow{OR}$ ←まわり道の原理

$= \frac{2}{3}\vec{l} - a\vec{n}$ ……②…………(答)(オ, カ, キ)

(ⅲ) $\overrightarrow{RQ} = \overrightarrow{OQ} - \overrightarrow{OR}$ ←まわり道の原理

$= \frac{1}{2}(\vec{m} + \vec{n}) - a\vec{n}$

$= \frac{1}{2}\vec{m} + \left(\frac{1}{2} - a\right)\vec{n}$ …③(答)(ク, ケ, コ, サ, シ)

どう？ ここまでは簡単だっただろう？

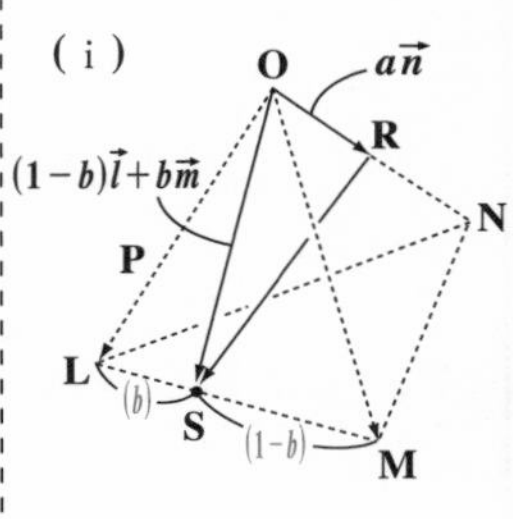

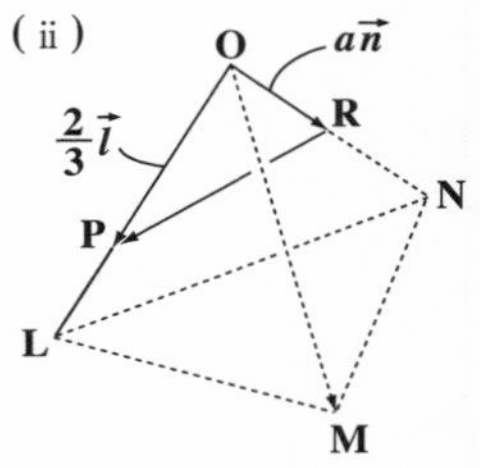

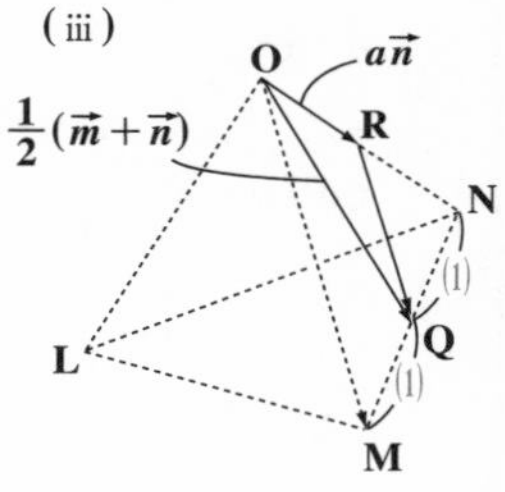

(2) 図 2 に示すように，点 S が 3 点 P，Q，R で定まる平面上にあるとき，$\overrightarrow{RS}$ は $\overrightarrow{RP}$ と $\overrightarrow{RQ}$ の 1 次結合で表すことができるね。よって，

$\overrightarrow{RS} = x\overrightarrow{RP} + y\overrightarrow{RQ}$ ……④ となる。

実数 x, y はまだ未定だ！

図 2

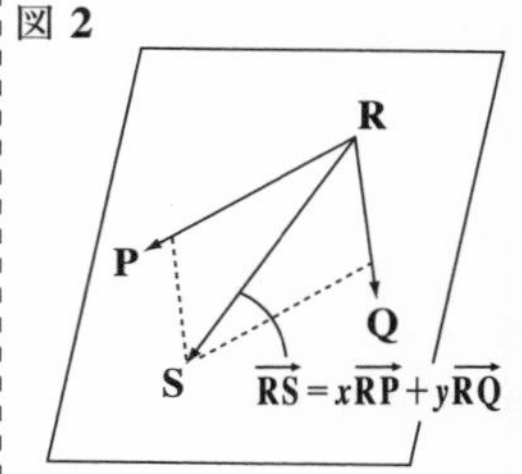

①，②，③を④に代入して，

$(1-b)\vec{l} + b\vec{m} - a\vec{n}$

$= x\left(\frac{2}{3}\vec{l} - a\vec{n}\right) + y\left\{\frac{1}{2}\vec{m} + \left(\frac{1}{2} - a\right)\vec{n}\right\}$

$(1-b)\vec{l} + b\vec{m} - a\vec{n}$

$= \frac{2}{3}x \cdot \vec{l} + \frac{y}{2}\vec{m} + \left(\frac{1}{2}y - ay - ax\right)\vec{n}$

ここで，$\vec{0}$ でない $\vec{l}$, $\vec{m}$, $\vec{n}$ は互いに平行でなく，かつ同一平面上にないので，上式の各項の係数を比較して，

$1-b=\frac{2}{3}x$ ……⑤　かつ　$b=\frac{y}{2}$ ……⑥

かつ　$-a=\frac{1}{2}y-ay-ax$ ……⑦ となる。

⑤より，$x=\frac{3}{2}(1-b)$ ……⑤′……………(答)(ス, セ)

⑥より，$y=2b$ ……⑥′…………………………(答)(ソ)

⑤′，⑥′を⑦に代入して，a と b だけの式にまとめると，

$$-a=\frac{1}{2}\cdot 2b-a\cdot 2b-a\cdot\frac{3}{2}(1-b)$$

$$-2a=2b-4ab-3a+3ab$$

$ab+a-2b=0$ ……⑦ となる。…(答)(タチ, ツ, テト)

(2) の問題文の初めに，$\vec{l}$, $\vec{m}$, $\vec{n}$ の成分が与えられていたけれど，実はここまでは別に成分表示をされていなくても導ける。それじゃ，これから，成分表示の問題に入ろう。

$\vec{l}=(1,\ 0,\ 0)$, $\vec{m}=(0,\ 1,\ 0)$, $\vec{n}=(0,\ 0,\ 1)$

の場合，四面体 **OLMN** は図 3 のようになる。

図 3

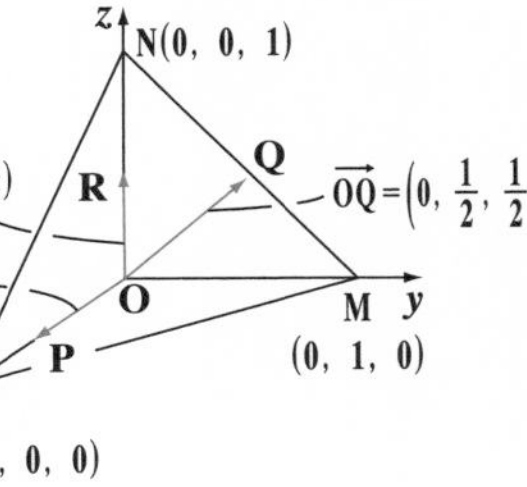

②，③より，

$$\begin{cases}\overrightarrow{RP}=\frac{2}{3}\underbrace{(1,\ 0,\ 0)}_{\vec{l}}-a\underbrace{(0,\ 0,\ 1)}_{\vec{n}}=\left(\frac{2}{3},\ 0,\ -a\right)\\ \overrightarrow{RQ}=\frac{1}{2}\underbrace{(0,\ 1,\ 0)}_{\vec{m}}+\left(\frac{1}{2}-a\right)\underbrace{(0,\ 0,\ 1)}_{\vec{n}}=\left(0,\ \frac{1}{2},\ \frac{1}{2}-a\right)\end{cases}$$

ここで，$\overrightarrow{\mathrm{RP}} \perp \overrightarrow{\mathrm{RQ}}$ のとき，

$$\overrightarrow{\mathrm{RP}}\cdot\overrightarrow{\mathrm{RQ}} = \cancel{\frac{2}{3}\times 0} + \cancel{0\times\frac{1}{2}} + (-a)\times\left(\frac{1}{2}-a\right) = 0$$

よって，$\underset{\oplus}{a}\left(a-\frac{1}{2}\right)=0$ より，$a=\frac{1}{2}$ となる。

…(答)(ナ，ニ)

これを，$ab+a-2b=0$ ……⑦ に代入して，

$\frac{1}{2}b+\frac{1}{2}-2b=0$，$\frac{3}{2}b=\frac{1}{2}$　$\therefore b=\frac{1}{3}$ …(答)(ヌ，ネ)

このとき，

$$\overrightarrow{\mathrm{PQ}} = \underbrace{\overrightarrow{\mathrm{OQ}}}_{\frac{1}{2}(\vec{m}+\vec{n})} - \overbrace{\overrightarrow{\mathrm{OP}}}^{\frac{2}{3}\vec{l}} = \left(0,\ \frac{1}{2},\ \frac{1}{2}\right) - \left(\frac{2}{3},\ 0,\ 0\right)$$

$$= \left(-\frac{2}{3},\ \frac{1}{2},\ \frac{1}{2}\right)$$

また，①より，

$$\overrightarrow{\mathrm{RS}} = (\overset{\frac{2}{3}}{(1-b)})\vec{l} + \overset{\frac{1}{3}}{b}\,\vec{m} - \overset{\frac{1}{2}}{a}\,\vec{n}$$

$$= \left(\frac{2}{3},\ \frac{1}{3},\ -\frac{1}{2}\right)$$

以上より，$\overrightarrow{\mathrm{PQ}}$ と $\overrightarrow{\mathrm{RS}}$ の内積は，

$$\overrightarrow{\mathrm{PQ}}\cdot\overrightarrow{\mathrm{RS}} = -\frac{2}{3}\times\frac{2}{3} + \frac{1}{2}\times\frac{1}{3} + \frac{1}{2}\times\left(-\frac{1}{2}\right)$$

$$= -\frac{4}{9} + \frac{1}{6} - \frac{1}{4} = \frac{-16+6-9}{36}$$

$= \frac{-19}{36}$ となる。……………(答)(ノハヒ，フヘ)

⇦ $\vec{a}=(x_1,\ y_1,\ z_1)$
$\vec{b}=(x_2,\ y_2,\ z_2)$ のとき，
$\vec{a}\perp\vec{b}$ ならば
$x_1x_2+y_1y_2+z_1z_2=0$
となる。

⇦ $\frac{1}{2}(\vec{m}+\vec{n})$
$=\frac{1}{2}\{(0,\ 1,\ 0)+(0,\ 0,\ 1)\}$
$=\frac{1}{2}(0,\ 1,\ 1)$
$=\left(0,\ \frac{1}{2},\ \frac{1}{2}\right)$

⇦ $\frac{2}{3}\vec{l}+\frac{1}{3}\vec{m}-\frac{1}{2}\vec{n}$
$=\frac{2}{3}(1,\ 0,\ 0)+\frac{1}{3}(0,\ 1,\ 0)$
$-\frac{1}{2}(0,\ 0,\ 1)$
$=\left(\frac{2}{3},\ \frac{1}{3},\ -\frac{1}{2}\right)$

● 空間ベクトルの応用問題も押さえよう！

次の問題も過去に出題された問題だよ。最終的には，ベクトルの大きさと 2 次関数の問題に帰着する。頑張って，解いてみてごらん。

演習問題 56	制限時間 12 分	難易度	CHECK 1	CHECK 2	CHECK 3

次の図のように向かい合う面が平行である六面体 **OABC－DEFG** がある。ただし，面 **OABC**，**CBFG** は一辺の長さが **1** の正方形であり，面 **OCGD** は $\angle \mathrm{COD}=60°$ のひし形である。このとき，

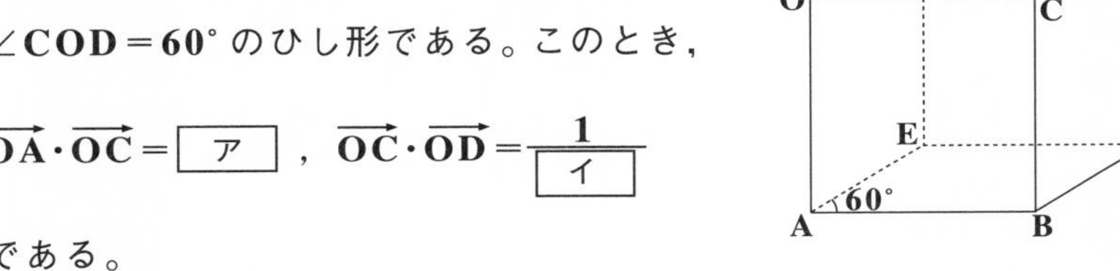

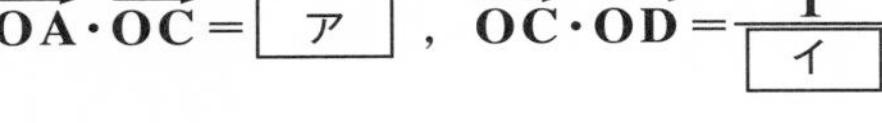

$\overrightarrow{\mathrm{OA}}\cdot\overrightarrow{\mathrm{OC}}=$ ［ア］，$\overrightarrow{\mathrm{OC}}\cdot\overrightarrow{\mathrm{OD}}=\dfrac{1}{［イ］}$

である。

a を $0<a<1$ を満たす数とする。線分 **EB** を **2：1** に内分する点を **P**，線分 **GE** を $a：(1-a)$ に内分する点を **Q** とすると，

$$\overrightarrow{\mathrm{PQ}}=(a-1)\overrightarrow{\mathrm{OA}}+\left(\frac{1}{［ウ］}-［エ］\right)\overrightarrow{\mathrm{OC}}+\frac{［オ］}{［カ］}\overrightarrow{\mathrm{OD}}\text{ である。}$$

線分 **PQ** の長さは，$a=\dfrac{［キ］}{［ク］}$ のとき最小値 $\dfrac{\sqrt{［ケコ］}}{［サ］}$ をとる。

ヒント！ この問題では，$\overrightarrow{\mathrm{OA}}$，$\overrightarrow{\mathrm{OC}}$，$\overrightarrow{\mathrm{OD}}$ を基に考えればいいんだね。まわり道の原理や内分点の公式を使って，$\overrightarrow{\mathrm{PQ}}$ は $\overrightarrow{\mathrm{OA}}$，$\overrightarrow{\mathrm{OC}}$，$\overrightarrow{\mathrm{OD}}$ の 1 次結合で表せるよ。後は，$|\overrightarrow{\mathrm{PQ}}|^2$ を展開して，この最小値を求めればいいんだね。すべて，これまでの知識で解けるから，頑張って解いてごらん。

解答＆解説

$\overrightarrow{OA}$, $\overrightarrow{OC}$, $\overrightarrow{OD}$ について，

$|\overrightarrow{OA}|=|\overrightarrow{OC}|=|\overrightarrow{OD}|=1$ だね。

$\angle AOC=\angle AOD=90°$ だから，

$\overrightarrow{OA}\cdot\overrightarrow{OC}=0$ ……………………………………(答)(ア)

$\overrightarrow{OA}\cdot\overrightarrow{OD}=0$

また，$\angle COD=60°$ より，

$\overrightarrow{OC}\cdot\overrightarrow{OD}=\underset{1}{|\overrightarrow{OC}|}\,\underset{1}{|\overrightarrow{OD}|}\,\underset{\frac{1}{2}}{\cos 60°}=\dfrac{1}{2}$ …………(答)(イ)

以上で，下準備は終了だ。

図 2 で示す $\overrightarrow{PQ}$ を，$\overrightarrow{OA}$，$\overrightarrow{OC}$，$\overrightarrow{OD}$ で表すんだね。まず，まわり道の原理を使って，

$\overrightarrow{PQ}=\overrightarrow{OQ}-\overrightarrow{OP}$ ……① だね。

後は，$\overrightarrow{OP}$ と $\overrightarrow{OQ}$ をそれぞれ $\overrightarrow{OA}$，$\overrightarrow{OC}$，$\overrightarrow{OD}$ で表そう。

(i) 点 P は，線分 EB を 2：1 に内分するので，

$$\overrightarrow{OP}=\frac{1\cdot\overrightarrow{OE}+2\cdot\overrightarrow{OB}}{2+1}=\frac{1}{3}\underset{(\overrightarrow{OA}+\overrightarrow{OD})}{\overrightarrow{OE}}+\frac{2}{3}\underset{(\overrightarrow{OA}+\overrightarrow{OC})}{\overrightarrow{OB}}$$

ここで，$\overrightarrow{OE}=\overrightarrow{OA}+\overrightarrow{OD}$，$\overrightarrow{OB}=\overrightarrow{OA}+\overrightarrow{OC}$

$$\therefore\ \overrightarrow{OP}=\overrightarrow{OA}+\frac{2}{3}\overrightarrow{OC}+\frac{1}{3}\overrightarrow{OD}\ \cdots\cdots②$$

(ii) 点 Q は，線分 GE を $a:(1-a)$ に内分するので，

$$\overrightarrow{OQ}=(1-a)\underset{(\overrightarrow{OC}+\overrightarrow{OD})}{\overrightarrow{OG}}+a\underset{(\overrightarrow{OA}+\overrightarrow{OD})}{\overrightarrow{OE}}$$

ココがポイント

図 1

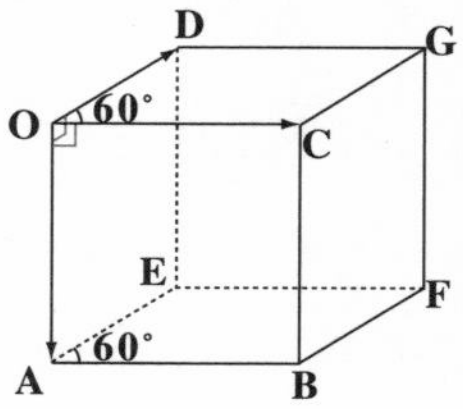

図 2

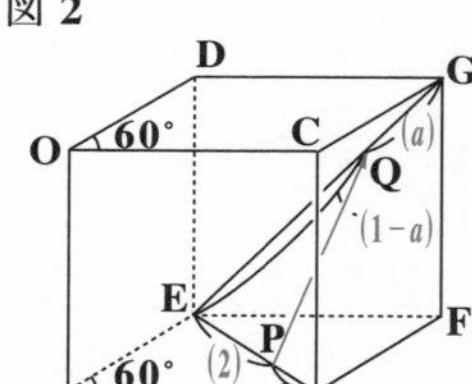

図 3

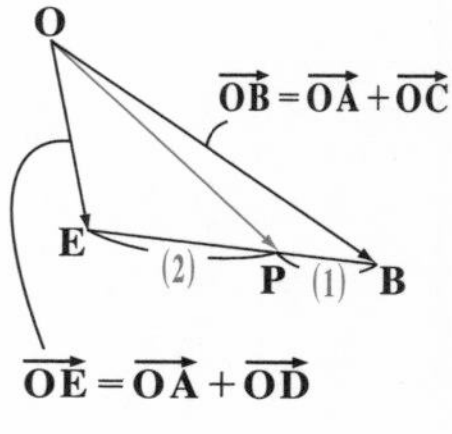

図 4

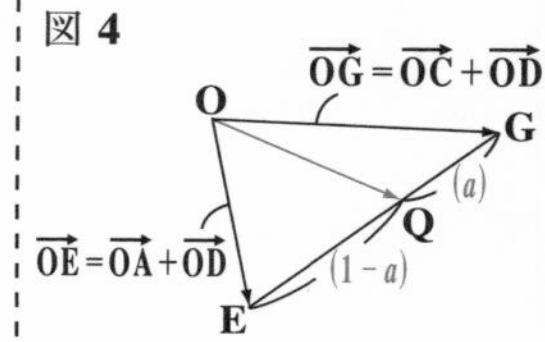

ここで，$\overrightarrow{OG}=\overrightarrow{OC}+\overrightarrow{OD}$，$\overrightarrow{OE}=\overrightarrow{OA}+\overrightarrow{OD}$ より，

$\overrightarrow{OQ}=a\overrightarrow{OA}+(1-a)\overrightarrow{OC}+\overrightarrow{OD}$ ……③

②，③を①に代入して，

$\overrightarrow{PQ}=a\overrightarrow{OA}+(1-a)\overrightarrow{OC}+\overrightarrow{OD}-\left(\overrightarrow{OA}+\frac{2}{3}\overrightarrow{OC}+\frac{1}{3}\overrightarrow{OD}\right)$

$\therefore\ \overrightarrow{PQ}=(a-1)\overrightarrow{OA}+\left(\frac{1}{3}-a\right)\overrightarrow{OC}+\frac{2}{3}\overrightarrow{OD}$ ……④

……(答)(ウ，エ，オ，カ)

次に，$PQ=|\overrightarrow{PQ}|$ より，この $\overrightarrow{PQ}$ に④を代入すると，右辺は|(ベクトルの式)|の形になるね。よって，当然，2 乗して展開するんだね。

$$PQ^2=|\overrightarrow{PQ}|^2=\left|(a-1)\overrightarrow{OA}+\left(\frac{1}{3}-a\right)\overrightarrow{OC}+\frac{2}{3}\overrightarrow{OD}\right|^2$$

$$=(a-1)^2\underbrace{|\overrightarrow{OA}|^2}_{1^2}+\left(\frac{1}{3}-a\right)^2\underbrace{|\overrightarrow{OC}|^2}_{1^2}+\frac{4}{9}\underbrace{|\overrightarrow{OD}|^2}_{1^2}$$

$$+2(a-1)\left(\frac{1}{3}-a\right)\underbrace{\overrightarrow{OA}\cdot\overrightarrow{OC}}_{0}+\frac{4}{3}\left(\frac{1}{3}-a\right)\underbrace{\overrightarrow{OC}\cdot\overrightarrow{OD}}_{\frac{1}{2}}$$

$$+\frac{4}{3}(a-1)\underbrace{\overrightarrow{OA}\cdot\overrightarrow{OD}}_{0}$$

$$=(a-1)^2+\left(a-\frac{1}{3}\right)^2+\frac{4}{9}+\frac{2}{3}\left(\frac{1}{3}-a\right)$$

⇦ $(\alpha+\beta+\gamma)^2$
$=\alpha^2+\beta^2+\gamma^2$
$+2\alpha\beta+2\beta\gamma+2\gamma\alpha$
と同じように展開する！

⇦ ここで，下準備した
$|\overrightarrow{OA}|=|\overrightarrow{OC}|=|\overrightarrow{OD}|=1$
$\overrightarrow{OA}\cdot\overrightarrow{OC}=\overrightarrow{OA}\cdot\overrightarrow{OD}=0$
$\overrightarrow{OC}\cdot\overrightarrow{OD}=\frac{1}{2}$ を使う！

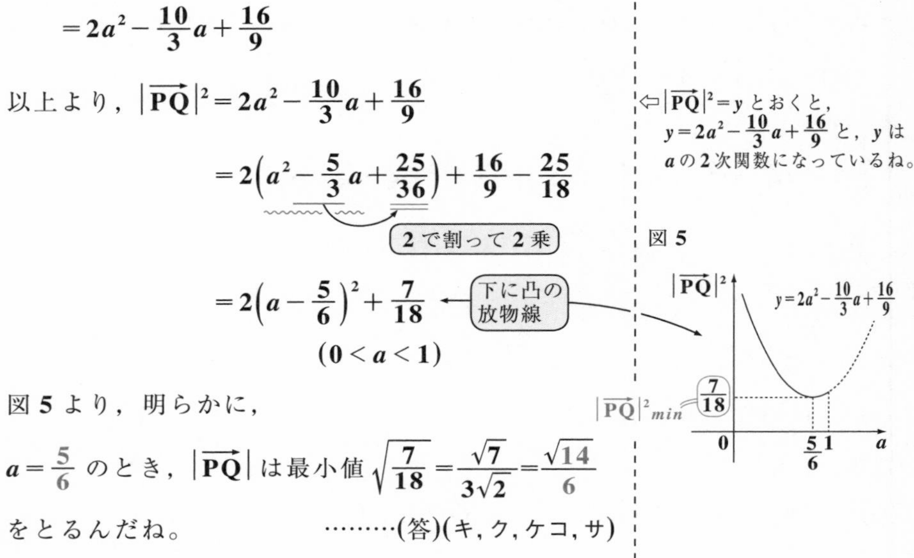

$$=2a^2-\frac{10}{3}a+\frac{16}{9}$$

以上より，$|\overrightarrow{PQ}|^2=2a^2-\frac{10}{3}a+\frac{16}{9}$

$$=2\left(a^2-\frac{5}{3}a+\frac{25}{36}\right)+\frac{16}{9}-\frac{25}{18}$$

$$=2\left(a-\frac{5}{6}\right)^2+\frac{7}{18}$$

$(0<a<1)$

図5より，明らかに，

$a=\frac{5}{6}$のとき，$|\overrightarrow{PQ}|$は最小値$\sqrt{\frac{7}{18}}=\frac{\sqrt{7}}{3\sqrt{2}}=\frac{\sqrt{14}}{6}$

をとるんだね。 ………(答)(キ，ク，ケコ，サ)

どう？ 空間ベクトルにもずい分慣れてきただろう？ それでは，次は，成分表示された空間ベクトルの問題なんだけれど，図を描かなくても数式上の計算のみで，結果が次々に求められる問題も解いてみよう。

演習問題 57	制限時間 12 分	難易度 ☆☆	CHECK 1	CHECK 2	CHECK 3

点 **O** を原点とする座標空間に **4** 点 **A**＝(**1**, **0**, **0**), **B**＝(**0**, **1**, **1**), **C**＝(**1**, **0**, **1**), **D**＝(**−2**, **−1**, **−2**) がある。$0<a<1$ とし，線分 **AB** を $a:(1-a)$ に内分する点を **E**，線分 **CD** を $a:(1-a)$ に内分する点を **F** とする。

(1) $\overrightarrow{EF}$ は a を用いて

$\overrightarrow{EF}=(\boxed{アイ}a,\ \boxed{ウエ}a,\ \boxed{オ}-\boxed{カ}a)$ と表される。さらに，

$\overrightarrow{EF}$ が $\overrightarrow{AB}$ に垂直であるのは $a=\dfrac{\boxed{キ}}{\boxed{ク}}$ のときである。

(2) $a=\dfrac{\boxed{キ}}{\boxed{ク}}$ とする。$0<b<1$ として，線分 **EF** を $b:(1-b)$ に内分する点を **G** とすると，$\overrightarrow{OG}$ は b を用いて

$\overrightarrow{OG}=\left(\dfrac{\boxed{ケ}-\boxed{コ}b}{\boxed{サ}},\ \dfrac{\boxed{シ}-\boxed{ス}b}{\boxed{サ}},\ \dfrac{\boxed{セ}}{\boxed{サ}}\right)$ と表される。

(3) (2) において，直線 **OG** と直線 **BC** が交わるときの b の値と，その交点 **H** の座標を求めよう。

点 **H** は直線 **BC** 上にあるから，実数 s を用いて $\overrightarrow{BH}=s\overrightarrow{BC}$ と表される。また，ベクトル $\overrightarrow{OH}$ は実数 t を用いて $\overrightarrow{OH}=t\overrightarrow{OG}$ と表される。

よって $b=\dfrac{\boxed{ソ}}{\boxed{タ}}$, $s=\dfrac{\boxed{チ}}{\boxed{ツ}}$, $t=\boxed{テ}$ である。したがって，

点 **H** の座標は $\left(\dfrac{\boxed{ト}}{\boxed{ナ}},\ \dfrac{\boxed{ニヌ}}{\boxed{ナ}},\ \boxed{ネ}\right)$ である。

また，点 **H** は線分 **BC** を $\boxed{ノ}:1$ に外分する。

ヒント！ 点 **D**(**−2**, **−1**, **−2**) があるため，図の正確なイメージが描きづらいんだけれど，今回は，問題を解いていくのに，必要最小限のイメージだけで十分なので，問題文の流れに沿って，テンポよく解いていこう！

解答＆解説

$\overrightarrow{OA}=(1,\ 0,\ 0)$, $\overrightarrow{OB}=(0,\ 1,\ 1)$, $\overrightarrow{OC}=(1,\ 0,\ 1)$,

$\overrightarrow{OD}=(-2,\ -1,\ -2)$ だね。

(1)・点 E は線分 AB を $a:(1-a)$ に内分するので,

$$\overrightarrow{OE}=(1-a)\overrightarrow{OA}+a\overrightarrow{OB}$$
$$=(1-a)(1,\ 0,\ 0)+a(0,\ 1,\ 1)$$
$$=(1-a,\ 0,\ 0)+(0,\ a,\ a)$$
$$=(1-a,\ a,\ a)\quad\cdots\cdots\cdots①$$

ココがポイント

⇦イメージ

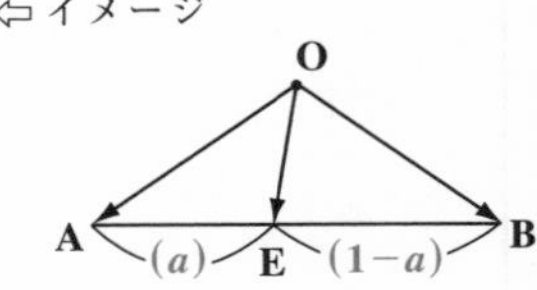

・点 F は線分 CD を $a:(1-a)$ に内分するので,

$$\overrightarrow{OF}=(1-a)\overrightarrow{OC}+a\overrightarrow{OD}$$
$$=(1-a)(1,\ 0,\ 1)+a(-2,\ -1,\ -2)$$
$$=(1-a,\ 0,\ 1-a)+(-2a,\ -a,\ -2a)$$
$$=(1-3a,\ -a,\ 1-3a)\quad\cdots\cdots\cdots②$$

⇦イメージ

O
C
D
F
(a)
(1−a)

①, ②より, $\overrightarrow{EF}$ は

$$\overrightarrow{EF}=\overrightarrow{OF}-\overrightarrow{OE}$$
$$=(1-3a,\ -a,\ 1-3a)-(1-a,\ a,\ a)$$
$$=(-2a,\ -2a,\ 1-4a)\quad\cdots\cdots\cdots\cdots\cdots\cdots\cdots(\text{答})$$

(アイ, ウエ, オ, カ)

⇦まわり道の原理だね。

ここで, $\overrightarrow{AB}$ は

$$\overrightarrow{AB}=\overrightarrow{OB}-\overrightarrow{OA}=(0,\ 1,\ 1)-(1,\ 0,\ 0)$$
$$=(-1,\ 1,\ 1)\ より,$$

$\overrightarrow{EF}\perp\overrightarrow{AB}$ のとき, $\overrightarrow{EF}\cdot\overrightarrow{AB}=0$ だから,

$$\overrightarrow{EF}\cdot\overrightarrow{AB}=-1\cdot(-2a)+1\cdot(-2a)+1\cdot(1-4a)$$
$$=2a-2a+1-4a=0$$

$1-4a=0$ より, $a=\dfrac{1}{4}$ …………(答)(キ, ク)

⇦ $\begin{cases}\vec{a}=(x_1,\ y_1,\ z_1)\\ \vec{b}=(x_2,\ y_2,\ z_2)\end{cases}$
のとき, $\vec{a}\perp\vec{b}$ ならば
$\vec{a}\cdot\vec{b}=x_1x_2+y_1y_2+z_1z_2=0$
となる。

(2) $a=\dfrac{1}{4}$ とする。点 G は線分 EF を $b:(1-b)$ に内分するので，

⇦イメージ

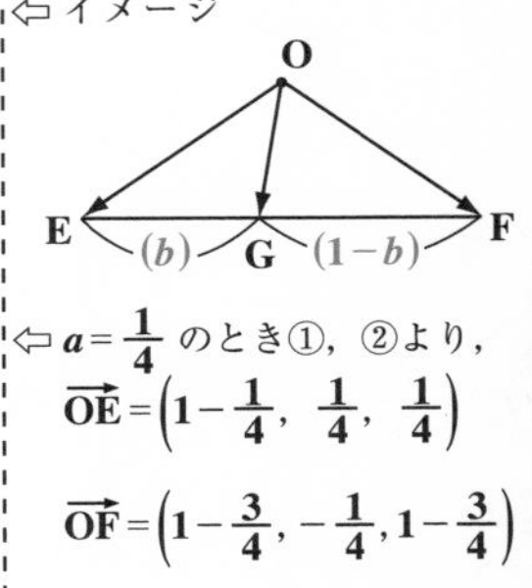

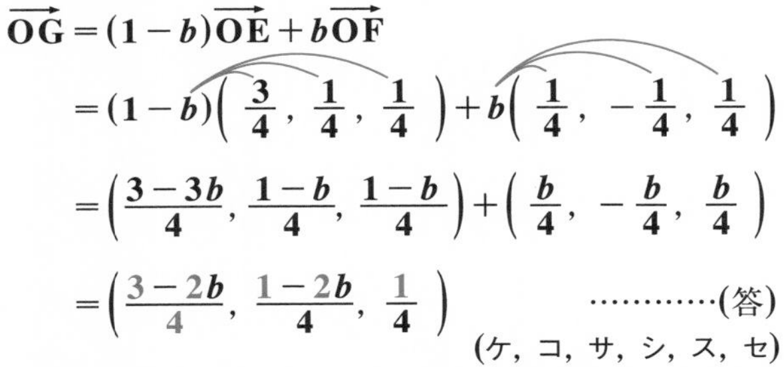

$$\overrightarrow{OG}=(1-b)\overrightarrow{OE}+b\overrightarrow{OF}$$
$$=(1-b)\left(\frac{3}{4},\ \frac{1}{4},\ \frac{1}{4}\right)+b\left(\frac{1}{4},\ -\frac{1}{4},\ \frac{1}{4}\right)$$
$$=\left(\frac{3-3b}{4},\ \frac{1-b}{4},\ \frac{1-b}{4}\right)+\left(\frac{b}{4},\ -\frac{b}{4},\ \frac{b}{4}\right)$$
$$=\left(\frac{3-2b}{4},\ \frac{1-2b}{4},\ \frac{1}{4}\right)$$ …………(答)

（ケ，コ，サ，シ，ス，セ）

⇦ $a=\dfrac{1}{4}$ のとき①，②より，
$\overrightarrow{OE}=\left(1-\dfrac{1}{4},\ \dfrac{1}{4},\ \dfrac{1}{4}\right)$
$\overrightarrow{OF}=\left(1-\dfrac{3}{4},\ -\dfrac{1}{4},\ 1-\dfrac{3}{4}\right)$

(3) 直線 OG と BC の交点を H とおいて，H の座標を求めよう。（$\overrightarrow{OH}$ の成分と同じ）

⇦イメージ

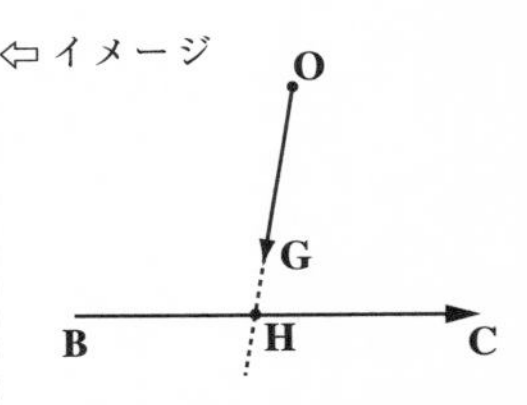

（これは正確な図ではない。あくまでもイメージだよ。）

・点 H は，直線 BC 上にあるから，

$$\overrightarrow{BH}=s\overrightarrow{BC}=s(\overrightarrow{OC}-\overrightarrow{OB})$$

（$(1,\ 0,\ 1)-(0,\ 1,\ 1)=(1,\ -1,\ 0)$）

$=s(1,\ -1,\ 0)=(s,\ -s,\ 0)$ より，

$$\overrightarrow{OH}=\overrightarrow{OB}+\overrightarrow{BH}=(0,\ 1,\ 1)+(s,\ -s,\ 0)$$
$=(s,\ 1-s,\ 1)$ ………③となる。

・点 H は，直線 OG 上にもあるので，

$$\overrightarrow{OH}=t\overrightarrow{OG}=t\left(\frac{3-2b}{4},\ \frac{1-2b}{4},\ \frac{1}{4}\right)$$
$=\left(\dfrac{3-2b}{4}t,\ \dfrac{1-2b}{4}t,\ \dfrac{1}{4}t\right)$ ………④となる。

③，④より，各成分を比較して，

$$\begin{cases} s=\dfrac{3-2b}{4}t & \cdots\cdots\cdots⑤ \\ 1-s=\dfrac{1-2b}{4}t & \cdots\cdots⑥ \\ 1=\dfrac{1}{4}t & \cdots\cdots\cdots\cdots\cdots\cdots⑦ \end{cases}$$

これを解いて,

$b=\dfrac{3}{4}$, $s=\dfrac{3}{2}$, $t=4$ ………(答)(ソ, タ, チ, ツ, テ)

よって,

$\overrightarrow{OH}=(s,\ 1-s,\ 1)=\left(\dfrac{3}{2},\ -\dfrac{1}{2},\ 1\right)$ より,

($s=\dfrac{3}{2}$)

点 **H** の座標は

$H\left(\dfrac{3}{2},\ \dfrac{-1}{2},\ 1\right)$ …………(答)(ト, ナ, ニヌ, ネ)

また, $\overrightarrow{BH}=\dfrac{3}{2}\overrightarrow{BC}$ より, 右図から, 点 **H** は

($\dfrac{3}{2}=s$)

線分 **BC** を 3：1 に外分する。 …………(答)(ノ)

⇦ ⑦より, $t=4$
よって,
$\begin{cases} s=3-2b & \cdots\cdots⑤' \\ 1-s=1-2b & \cdots\cdots⑥' \end{cases}$
⑤′−⑥′ より,
$2s-1=2$
$s=\dfrac{3}{2}$
⑤′ より,
$\dfrac{3}{2}=3-2b$
$2b=\dfrac{3}{2}$, $b=\dfrac{3}{4}$

どう？正確な図でなくても, 大体のイメージだけでも, 空間ベクトルの問題がスラスラ解けることが分かっただろう？これも過去に出題された問題だったんだよ。

では, 最後に, これも過去問なんだけれど, 四角錐についての空間ベクトルの問題を解いてみよう。これで, ベクトルの問題にもかなり自信がもてるようになると思う。最後の問題だ！頑張ろう !!

演習問題 58　制限時間 15 分　難易度 ★★　CHECK 1　CHECK 2　CHECK 3

四角錐(すい) **OABCD** において，三角形 **OBC** と三角形 **OAD** は合同で，**OB** $=1$，**BC** $=2$，**OC** $=\sqrt{3}$ であり，底面の四角形 **ABCD** は長方形である。**AB** $=2r$ とおき，$\overrightarrow{OA}=\vec{a}$，$\overrightarrow{OB}=\vec{b}$，$\overrightarrow{OC}=\vec{c}$ とおく。

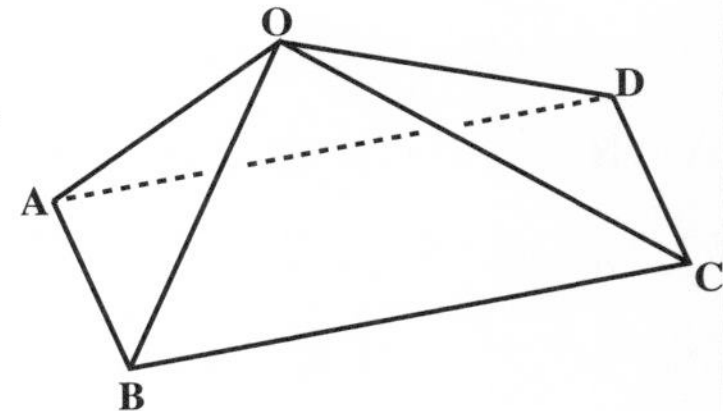

$\overrightarrow{OD}$ を $\vec{a}$，$\vec{b}$，$\vec{c}$ を用いて表すと

$\overrightarrow{OD}=\overrightarrow{\boxed{\text{ア}}}-\overrightarrow{\boxed{\text{イ}}}+\vec{c}$ である。辺 **OD** を 1：2 に内分する点を **L** とすると

$\overrightarrow{AL}=-\dfrac{\boxed{\text{ウ}}}{\boxed{\text{エ}}}\vec{a}-\dfrac{\boxed{\text{オ}}}{\boxed{\text{エ}}}\vec{b}+\dfrac{\boxed{\text{カ}}}{\boxed{\text{エ}}}\vec{c}$ となる。

さらに辺 **OB** の中点を **M**，3 点 **A**，**L**，**M** の定める平面を α とし，平面 α と辺 **OC** との交点を **N** とする。点 **N** は平面 α 上にあることから，$\overrightarrow{AN}$ は実数 s，t を用いて $\overrightarrow{AN}=s\overrightarrow{AL}+t\overrightarrow{AM}$ と表されるので

$\overrightarrow{ON}=\left(\boxed{\text{キ}}-\dfrac{\boxed{\text{ク}}}{\boxed{\text{ケ}}}s-t\right)\vec{a}+\left(-\dfrac{s}{\boxed{\text{コ}}}+\dfrac{t}{\boxed{\text{サ}}}\right)\vec{b}+\dfrac{s}{\boxed{\text{シ}}}\vec{c}$

となる。一方，点 **N** は辺 **OC** 上にもある。

これらから，$\overrightarrow{ON}=\dfrac{\boxed{\text{ス}}}{\boxed{\text{セ}}}\vec{c}$ となる。

また，$\vec{a}\cdot\vec{b}=\boxed{\text{ソ}}-\boxed{\text{タ}}r^2$，$\vec{b}\cdot\vec{c}=\boxed{\text{チ}}$，$\vec{a}\cdot\vec{c}=\boxed{\text{ツテ}}r^2$ である。

よって，$\overrightarrow{AM}\cdot\overrightarrow{MN}$ を計算すると，**AB** $=\sqrt{\boxed{\text{ト}}}$ のとき，直線 **AM** と直線 **MN** は垂直になることがわかる。

ヒント！ 共通テストでは，四角錐の問題も出題される可能性があるので，ここで，シッカリ練習しておこう。まわり道の原理だけでなく，内積の演算の計算もあり，また図形的なセンスも必要となるけれど，制限時間内で解けるように頑張ってみよう！

解答&解説

ココがポイント

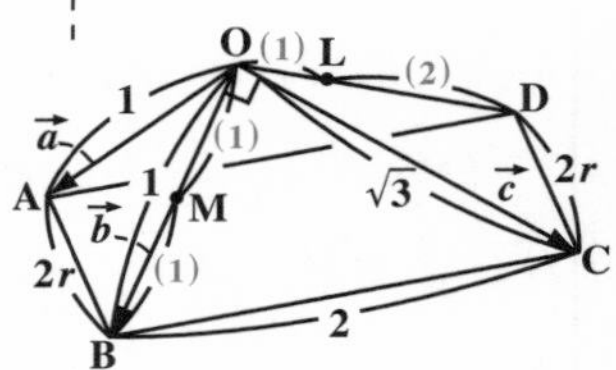

四角すい OABCD について，

$\triangle OBC \equiv \triangle OAD$（合同）であり，

四角形 ABCD は長方形より，

$OB = OA = 1$，$BC = AD = 2$，

$OC = OD = \sqrt{3}$，$AB = DC = 2r$

ここで，$\overrightarrow{OA} = \vec{a}$，$\overrightarrow{OB} = \vec{b}$，$\overrightarrow{OC} = \vec{c}$ とおく。

⇦すべてのベクトルは，この1次独立な $\vec{a}$，$\vec{b}$，$\vec{c}$ の1次結合で表せるんだね。

$\overrightarrow{OD} = \overrightarrow{OC} + \overrightarrow{CD} = \overrightarrow{OC} + \overrightarrow{BA}$　（$\overrightarrow{BA} = \overrightarrow{OA} - \overrightarrow{OB}$：まわり道の原理だね。）

$= \overrightarrow{OA} - \overrightarrow{OB} + \overrightarrow{OC}$

$= \vec{a} - \vec{b} + \vec{c}$ ……………①……………(答)(ア，イ)

・点 L は，線分 OD を 1：2 に内分するので

$\overrightarrow{OL} = \dfrac{1}{3}\overrightarrow{OD} = \dfrac{1}{3}(\vec{a} - \vec{b} + \vec{c})$ ………②（①より）

$\therefore\ \overrightarrow{AL} = \overrightarrow{OL} - \overrightarrow{OA}$

$= \dfrac{1}{3}(\vec{a} - \vec{b} + \vec{c}) - \vec{a}$　（②より）

$= -\dfrac{2}{3}\vec{a} - \dfrac{1}{3}\vec{b} + \dfrac{1}{3}\vec{c}$ ………③…………(答)
(ウ，エ，オ，カ)

次に，$\overrightarrow{AM}$ を $\vec{a}$，$\vec{b}$，$\vec{c}$ で表すと

$\overrightarrow{AM} = \overrightarrow{OM} - \overrightarrow{OA} = -\overrightarrow{OA} + \dfrac{1}{2}\overrightarrow{OB}$　（$\overrightarrow{OM} = \dfrac{1}{2}\overrightarrow{OB}$）

⇦点 M は線分 OB の中点だからね。

$= -\vec{a} + \dfrac{1}{2}\vec{b}$ ………④

3点 A，L，M の定める平面 α と辺 OC との交点を N とおくと，

$\overrightarrow{AN} = s\overrightarrow{AL} + t\overrightarrow{AM}$ ………⑤となる。

（$\overrightarrow{AN}$ は $\overrightarrow{AL}$ と $\overrightarrow{AM}$ の1次結合で表すことができるんだね。）

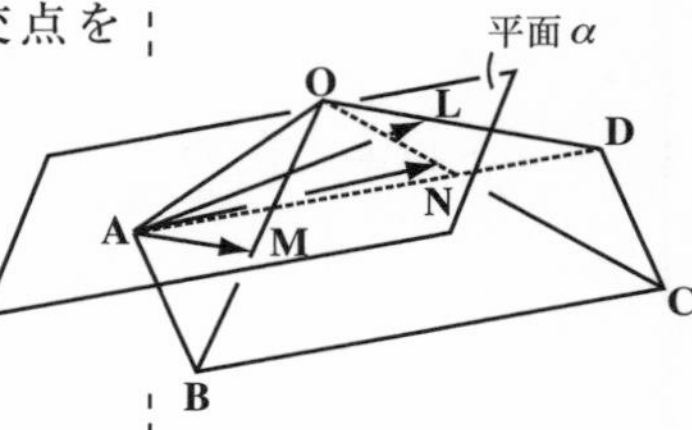

⑤より，

$\overrightarrow{ON}=\overrightarrow{OA}+s\overrightarrow{AL}+t\overrightarrow{AM}$ ……⑤´

⑤´に③，④を代入して，

$\overrightarrow{ON}=\vec{a}+s\left(-\frac{2}{3}\vec{a}-\frac{1}{3}\vec{b}+\frac{1}{3}\vec{c}\right)+t\left(-\vec{a}+\frac{1}{2}\vec{b}\right)$

$=\left(1-\frac{2}{3}s-t\right)\vec{a}+\left(-\frac{s}{3}+\frac{t}{2}\right)\vec{b}+\frac{s}{3}\vec{c}$ …⑥…(答)

（0） （0） (キ，ク，ケ，コ，サ，シ)

ここで，点 N は辺 OC 上の点より，⑥の $\vec{a}$ と $\vec{b}$ の係数は共に 0 となるはずだね。よって，

$1-\frac{2}{3}s-t=0$，$-\frac{s}{3}+\frac{t}{2}=0$ となる。 これを解いて

$s=\frac{3}{4}$ より，⑥は，

$\overrightarrow{ON}=\frac{1}{3}\cdot\frac{3}{4}\vec{c}=\frac{1}{4}\vec{c}$ となるね。…………(答)(ス，セ)

・次に△OAB について，OA＝OB＝1，AB＝2r より

$|\overrightarrow{AB}|^2=4r^2$ よって，$2-2\vec{a}\cdot\vec{b}=4r^2$

$|\overrightarrow{OB}-\overrightarrow{OA}|^2=|\vec{b}-\vec{a}|^2=|\vec{b}|^2-2\vec{a}\cdot\vec{b}+|\vec{a}|^2=2-2\vec{a}\cdot\vec{b}$ （$|\vec{b}|^2=1^2$，$|\vec{a}|^2=1^2$）

$2\vec{a}\cdot\vec{b}=2-4r^2$

$\therefore\ \vec{a}\cdot\vec{b}=1-2r^2$ …………⑦ …………(答)(ソ，タ)

・△OBC は，OB＝1，BC＝2，OC＝$\sqrt{3}$ より，

∠BOC＝90°

$\therefore\ \overrightarrow{OB}\cdot\overrightarrow{OC}=\vec{b}\cdot\vec{c}=0$ …………⑧ …………(答)(チ)

・△OAC は，OA＝1，OC＝$\sqrt{3}$，AC＝$\sqrt{(2r)^2+2^2}$

（長方形 ABCD の対角線の長さ $\sqrt{(AB)^2+(BC)^2}$）

より，$|\overrightarrow{AC}|^2=4r^2+4$

$|\overrightarrow{OC}-\overrightarrow{OA}|^2=|\vec{c}-\vec{a}|^2=|\vec{c}|^2-2\vec{a}\cdot\vec{c}+|\vec{a}|^2=4-2\vec{a}\cdot\vec{c}$ （$|\vec{c}|^2=(\sqrt{3})^2$，$|\vec{a}|^2=1^2$）

⇦ $\overrightarrow{AN}=s\overrightarrow{AL}+t\overrightarrow{AM}$ より，（$\overrightarrow{AN}=\overrightarrow{ON}-\overrightarrow{OA}$）
$\overrightarrow{ON}=\overrightarrow{OA}+s\overrightarrow{AL}+t\overrightarrow{AM}$

⇦ $\overrightarrow{ON}=k\overrightarrow{OC}$ の形になるからね。

⇦ $t=1-\frac{2}{3}s$ を $-\frac{s}{3}+\frac{t}{2}=0$ に代入して，
$-\frac{1}{3}s+\frac{1}{2}\left(1-\frac{2}{3}s\right)=0$
$-\frac{2}{3}s+\frac{1}{2}=0$
$\frac{2}{3}s=\frac{1}{2}$ より，$s=\frac{3}{4}$

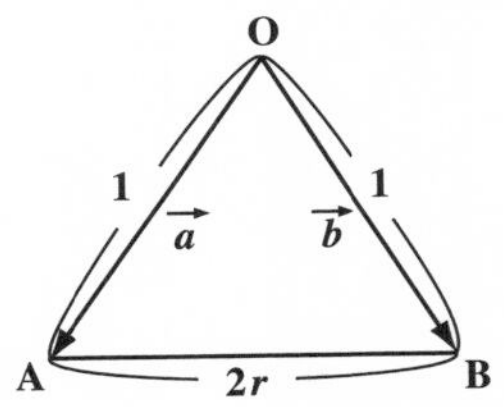

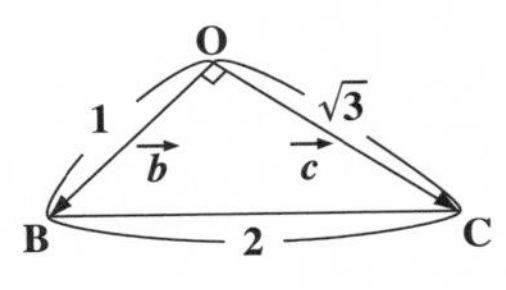

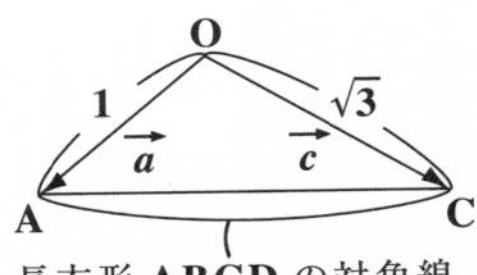

長方形 ABCD の対角線の長さ

$\cancel{4}-2\vec{a}\cdot\vec{c}=4r^2+\cancel{4}$　　$2\vec{a}\cdot\vec{c}=-4r^2$

$\therefore\ \vec{a}\cdot\vec{c}=-2r^2$ ……⑨……………………(答)(ツテ)

ここで，$\overrightarrow{AM}=-\vec{a}+\frac{1}{2}\vec{b}$ ……④

$\overrightarrow{MN}=\overrightarrow{ON}-\overrightarrow{OM}$

$=\frac{1}{4}\vec{c}-\frac{1}{2}\vec{b}$ ……⑩より，

$\overrightarrow{AM}\cdot\overrightarrow{MN}=\left(-\vec{a}+\frac{1}{2}\vec{b}\right)\cdot\left(\frac{1}{4}\vec{c}-\frac{1}{2}\vec{b}\right)$

$=-\frac{1}{4}\underbrace{\vec{a}\cdot\vec{c}}_{-2r^2}+\frac{1}{2}\underbrace{\vec{a}\cdot\vec{b}}_{(1-2r^2)}+\frac{1}{8}\underbrace{\vec{b}\cdot\vec{c}}_{0}-\frac{1}{4}\underbrace{|\vec{b}|^2}_{1^2}$

(⑨より)　(⑦より)　(⑧より)

$=\frac{1}{2}r^2+\frac{1}{2}(1-2r^2)-\frac{1}{4}=0$ のとき，

$r^2=\frac{1}{2}$　よって，$r=\frac{1}{\sqrt{2}}$　$(\because r>0)$ より，

$AB=2r=2\cdot\frac{1}{\sqrt{2}}=\sqrt{2}$ となる。 ………………(答)(ト)

⇦ $\overrightarrow{AM}=-\vec{a}+\frac{1}{2}\vec{b}$ ……④
$\overrightarrow{MN}=\overrightarrow{ON}-\overrightarrow{OM}$
$=\frac{1}{4}\vec{c}-\frac{1}{2}\vec{b}$
$\left(\overrightarrow{ON}=\frac{1}{4}\vec{c}\text{ より}\right)$

⇦ $\frac{1}{2}r^2+\frac{1}{2}-r^2-\frac{1}{4}=0$
$-\frac{1}{2}r^2+\frac{1}{4}=0$
$r^2=\frac{1}{2}$

以上で，平面と空間のベクトルの講義は終了です。ベクトルを選択する学生の方は多いと思うので，これも反復練習して，シッカリとした実力を身につけておこう。

講義 7 ● ベクトル　公式エッセンス

1. $\vec{a}$ と $\vec{b}$ の内積の定義（平面・空間共通）

$\vec{a}\cdot\vec{b}=|\vec{a}||\vec{b}|\cos\theta$ 　（θ：$\vec{a}$ と $\vec{b}$ のなす角）

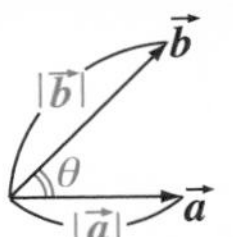

2. ベクトルの平行・垂直条件　（$\vec{a}\neq\vec{0}$, $\vec{b}\neq\vec{0}$, $k\neq0$）（平面・空間共通）

(i) 平行条件：$\vec{a}/\!/\vec{b}\iff\vec{a}=k\vec{b}$　　(ii) 垂直条件：$\vec{a}\perp\vec{b}\iff\vec{a}\cdot\vec{b}=0$

3. 内積の成分表示

$\vec{a}=(x_1,\ y_1)$，　$\vec{b}=(x_2,\ y_2)$ のとき，

注意 空間ベクトルでは，z 成分の項が新たに加わる。

(i) $\vec{a}\cdot\vec{b}=x_1x_2+y_1y_2$

(ii) $\cos\theta=\dfrac{\vec{a}\cdot\vec{b}}{|\vec{a}||\vec{b}|}=\dfrac{x_1x_2+y_1y_2}{\sqrt{x_1^2+y_1^2}\sqrt{x_2^2+y_2^2}}$　（$\because\ \vec{a}\cdot\vec{b}=|\vec{a}||\vec{b}|\cos\theta$）

4. 内分点の公式（平面・空間共通）

(i) 点 P が線分 AB を $m:n$ に内分するとき，

$$\overrightarrow{OP}=\frac{n\overrightarrow{OA}+m\overrightarrow{OB}}{m+n}$$

(ii) 点 P が線分 AB を $t:1-t$ に内分するとき，

$$\overrightarrow{OP}=(1-t)\overrightarrow{OA}+t\overrightarrow{OB}\quad(0<t<1)$$

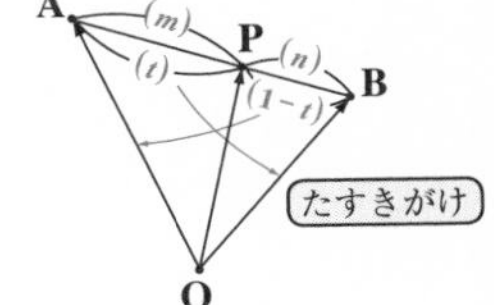

5. 外分点の公式（平面・空間共通）

点 Q が線分 AB を $m:n$ に外分するとき，

$$\overrightarrow{OQ}=\frac{-n\overrightarrow{OA}+m\overrightarrow{OB}}{m-n}$$

6. △ABC の重心 G に関するベクトル公式（平面・空間共通）

(i) $\overrightarrow{OG}=\dfrac{1}{3}(\overrightarrow{OA}+\overrightarrow{OB}+\overrightarrow{OC})$

(ii) $\overrightarrow{AG}=\dfrac{1}{3}(\overrightarrow{AB}+\overrightarrow{AC})$

(iii) $\overrightarrow{GA}+\overrightarrow{GB}+\overrightarrow{GC}=\vec{0}$

確率分布と統計的推測

確率分布から、推測・検定までマスターしよう!

- ▶確率分布と期待値・分散
- ▶確率変数の和と積の期待値・分散
- ▶連続型確率変数と確率密度
- ▶正規分布と標準正規分布
- ▶統計的推測と検定

講義8 確率分布と統計的推測 (数学B)

さァ，これから **"確率分布と統計的推測"** の講義に入ろう。この分野は，共通テスト数学II・B・C の中でも特に長文問題として出題される分野なので，時間配分をうまく行って解いていく必要があるんだね。問題の難易度は年によって大幅に変化するので，その意味で注意の必要な分野なんだね。

しかし，問われる内容とテーマは決まっているので，基本をシッカリ押さえて，応用問題にも対応できるように準備しておけば，それ程心配することはないと思う。

それでは，**"確率分布と統計的推測"** でよく出題されるテーマをまず下に示しておこう。

- 確率分布から，期待値・分散・標準偏差の計算
- 同時確率分布と，2変数の和や積の期待値
- 連続型確率分布と，正規分布・標準正規分布
- 平均値や母比率の信頼区間
- 仮説の検定 (両側検定，片側検定)

ン？扱うテーマが多過ぎるって？そうだね。本来，確率分布と統計的推測・検定は，それぞれ独立したテーマとして扱うことができる分野だからね。でも上述のテーマをしっかりマスターしておけば，共通テスト数学II・B・Cでも高得点が狙えるわけだから，これから扱う練習問題を繰り返し解いて反復練習しておけばいいんだね。

それでは，早速講義を始めよう！ みんな準備はいい？

● 確率分布を求めて，期待値と分散を計算しよう！

ではまず，次の問題で，確率分布を求め，それを基に期待値 $E(X)$，分散 $V(X)$，そして，標準偏差 $D(X)$ を求めてみよう。さらに，確率変数 X を変換した Y や Z の期待値や分散も求めてみよう。計算は結構メンドウだけれど，計算力もポイントなんだね。

演習問題 59	制限時間 12 分	難易度 ★★	CHECK 1	CHECK 2	CHECK 3

同じ形の赤球 5 個，白球 3 個の計 8 個の球の入った袋から同時に 4 個の球を取り出す。取り出された赤球の個数を X とする。このとき，X について，(i) 期待値 $E(X)=\dfrac{\boxed{ア}}{2}$ であり，(ii) 分散 $V(X)=\dfrac{\boxed{イウ}}{28}$ であり，(iii) 標準偏差 $D(X)=\dfrac{\sqrt{\boxed{エオカ}}}{14}$ である。

(1) 新たな確率変数 Y を，$Y=2X+3$ で定義する。このとき，

Y の期待値 $E(Y)=\boxed{キ}$ であり，分散 $V(Y)=\dfrac{\boxed{クケ}}{7}$ である。

(2) 新たな確率変数 Z を，$Z=\dfrac{X-E(X)}{D(X)}$ で定義する。このとき，

Z の期待値 $E(Z)=\boxed{コ}$，分散 $V(Z)=\boxed{サ}$ である。

ヒント！ 取り出した 4 個の球の内，赤球の個数を X とおくので，$X=1, 2, 3, 4$ であり，これらに対応する確率を P_1, P_2, P_3, P_4 とおいて，X の確率分布を求めよう。後は定義や計算式を用いて，$E(X)=X_1P_1+X_2P_2+X_3P_3+X_4P_4$ と $V(X)=X_1^2P_1+X_2^2P_2+X_3^2P_3+X_4^2P_4-\{E(X)\}^2$ を求めればいいんだね。

解答＆解説

赤 5 個，白 3 個，計 8 個の球の入った袋から，4 個を取り出す全場合の数 $n(U)$ は，

$$n(U)={}_8C_4=\frac{8!}{4!\cdot 4!}=\frac{8\cdot 7\cdot 6\cdot 5}{4\cdot 3\cdot 2\cdot 1}=70$$ である。

取り出された 4 個の球の内，赤球の個数を X とおくと，$X=1, 2, 3, 4$ であり，それぞれがとる確率を順に P_1, P_2, P_3, P_4 とおくと，

ココがポイント

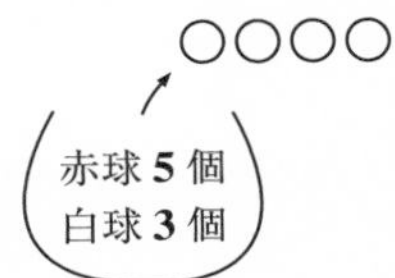

⇦ 白は 3 個しかないので，$X=0$ にはならない。

(赤5コより1コ)(白3コより3コ)　(赤5コより2コ)(白3コより2コ)

$P_1=\frac{{}_5C_1\cdot{}_3C_3}{70}=\frac{5\times1}{70}=\frac{1}{14}$, $P_2=\frac{{}_5C_2\cdot{}_3C_2}{70}=\frac{10\times3}{70}=\frac{3}{7}$,

(赤5コより3コ)(白3コより1コ)　(赤5コより4コ)(白3コより0コ)

$P_3=\frac{{}_5C_3\cdot{}_3C_1}{70}=\frac{10\times3}{70}=\frac{3}{7}$, $P_4=\frac{{}_5C_4\cdot{}_3C_0}{70}=\frac{5\times1}{70}=\frac{1}{14}$

⇦ ${}_5C_3=\frac{5!}{3!\cdot2!}=\frac{5\cdot4}{2\cdot1}=10$
${}_5C_2={}_5C_3=10$

以上より，X の確率分布表は右のようになる。

これから，X の期待値 $E(X)$，分散 $V(X)$，

標準偏差 $D(X)$ を求めると，

X の確率分布表

変数 X	1	2	3	4
確率 P	$\frac{1}{14}$	$\frac{3}{7}$	$\frac{3}{7}$	$\frac{1}{14}$

$\left(P_1+P_2+P_3+P_4=\frac{1}{14}+\frac{3}{7}+\frac{3}{7}+\frac{1}{14}=\frac{1+6+6+1}{14}=1\text{（全確率）}\right)$

(i) $E(X)=1\times\frac{1}{14}+2\times\frac{3}{7}+3\times\frac{3}{7}+4\times\frac{1}{14}$

$=\frac{1}{14}(1+12+18+4)=\frac{35}{14}=\frac{5}{2}$ ……(答)(ア)

⇦ $\cdot E(X)=\sum_{k=1}^{4}x_kP_k$
$=x_1P_1+x_2P_2+x_3P_3+x_4P_4$

(ii) $V(X)=1^2\times\frac{1}{14}+2^2\times\frac{3}{7}+3^2\times\frac{3}{7}+4^2\times\frac{1}{14}-\left(\frac{5}{2}\right)^2$

$=\frac{1}{14}(1+24+54+16)-\frac{25}{4}$

$=\frac{95}{14}-\frac{25}{4}=\frac{190-175}{28}=\frac{15}{28}$ ……(答)(イウ)

$\cdot V(X)=\sum_{k=1}^{4}x_k^2P_k-\underbrace{m^2}_{E(X)^2}$
$=x_1^2P_1+x_2^2P_2+x_3^2P_3+x_4^2P_4-m^2$
$\cdot D(X)=\sqrt{V(X)}$

(iii) $D(X)=\sqrt{V(X)}=\sqrt{\frac{15}{28}}=\frac{\sqrt{15}}{2\sqrt{7}}$

$=\frac{\sqrt{15\times7}}{14}=\frac{\sqrt{105}}{14}$ ……………(答)(エオカ)

(1) ここで，新たな確率変数 $Y=2X+3$ とおき，

このYの期待値 $E(Y)$，分散 $V(Y)$ を求めると，

$\cdot E(Y)=E(2X+3)=2\underbrace{E(X)}_{\frac{5}{2}}+3=5+3=8$ ………(答)(キ)

⇦ $E(aX+b)=aE(X)+b$

$\cdot V(Y)=V(2X+3)=2^2\underbrace{V(X)}_{\frac{15}{28}}=4\times\frac{15}{28}=\frac{15}{7}$ ………(答)(クケ)

⇦ $V(aX+b)=a^2V(X)$

Babaのレクチャー

確率変数 X の期待値(平均)$E(X)=m$，分散 $V(X)=\sigma^2$，標準偏差 $D(X)=\sqrt{V(X)}=\sigma$ とおき，この m と σ を用いて，新たな確率変数 Z を，$Z=\dfrac{X-m}{\sigma}$ と定義すると，この Z の期待値(平均)$E(Z)=0$，分散 $V(Z)=1$，標準偏差 $D(Z)=\sqrt{V(Z)}=1$ となる。何故なら，

$$E(Z)=E\Big(\underbrace{\frac{1}{\sigma}}_{a}X\underbrace{-\frac{m}{\sigma}}_{+b}\Big)=\frac{1}{\sigma}\underbrace{E(X)}_{m}-\frac{m}{\sigma}=\frac{m}{\sigma}-\frac{m}{\sigma}=0$$

← 公式：$E(aX+b)=aE(X)+b$

$$V(Z)=V\Big(\underbrace{\frac{1}{\sigma}}_{a}X\underbrace{-\frac{m}{\sigma}}_{+b}\Big)=\underbrace{\frac{1}{\sigma^2}}_{a^2}\underbrace{V(X)}_{\sigma^2}=\frac{\sigma^2}{\sigma^2}=1$$ となるからだね。

← 公式：$V(aX+b)=a^2V(X)$

このように $Z=\dfrac{X-m}{\sigma}$ で新たに定義された変数 Z のことを，**標準化変数**(ひょうじゅんか)といい $E(Z)=0$，$V(Z)=D(Z)=1$ となる。これも頭に入れておこう。

(2) $E(X)=m$，$V(X)=\sigma^2$，$D(X)=\sigma$ とおき，新たな確率変数 Z を，$Z=\dfrac{X-m}{\sigma}$ で定義する。

このとき，この標準化変数 Z の期待値 $E(Z)$ と分散 $V(Z)$ は，

$$E(Z)=E\Big(\frac{1}{\sigma}X-\frac{m}{\sigma}\Big)=\frac{1}{\sigma}\underbrace{E(X)}_{m}-\frac{m}{\sigma}=0 \quad\cdots(\text{答})(\text{コ})$$

$$V(Z)=V\Big(\frac{1}{\sigma}X-\frac{m}{\sigma}\Big)=\frac{1}{\sigma^2}\underbrace{V(X)}_{\sigma^2}=1 \quad\cdots\cdots(\text{答})(\text{サ})$$

となる。

⇦実際の数値で計算すると，

$$\cdot E\Big(\frac{14}{\sqrt{105}}X-\frac{14}{\sqrt{105}}\cdot\frac{5}{2}\Big)=\frac{14}{\sqrt{105}}\underbrace{E(X)}_{\frac{5}{2}}-\frac{14}{\sqrt{105}}\cdot\frac{5}{2}=0$$

$$\cdot V\Big(\frac{14}{\sqrt{105}}X-\frac{14}{\sqrt{105}}\cdot\frac{5}{2}\Big)=\frac{14^2}{105}\cdot\underbrace{V(X)}_{\frac{15}{28}}=\frac{28}{15}\times\frac{15}{28}=1$$

となるが，これは，結果を覚えておいて，$E(Z)=0$，$V(Z)=1$ としていいんだね。

結構計算は大変だけれど，制限時間内に解けるように，練習しよう！

それでは，もう1題，確率分布と期待値・分散の問題を解いてみよう。

演習問題 60　制限時間8分　難易度★★　CHECK1　CHECK2　CHECK3

1から6までの数字の書かれた6枚のカードから，同時に無作為に3枚のカードを取り出し，その3枚のカードに書かれた数字の最大値を確率変数 X とおく。この変数 X について，(i) 期待値 $E(X)=\dfrac{\boxed{アイ}}{4}$ であり，(ii) 分散 $V(X)=\dfrac{\boxed{ウエ}}{80}$ であり，(iii) 標準偏差 $D(X)=\dfrac{\boxed{オ}\sqrt{\boxed{カキ}}}{20}$ である。

Babaのレクチャー

最大値 X が，$X=k$ となる確率 $P(X=k)$ を求めたかったならば，右図に示すように，タマネギの断面で考えるといい。つまり，

$P(X\leqq k)$ と $P(X\leqq k-1)$ を用いて，

（X が k 以下となる確率）（X が $k-1$ 以下となる確率）

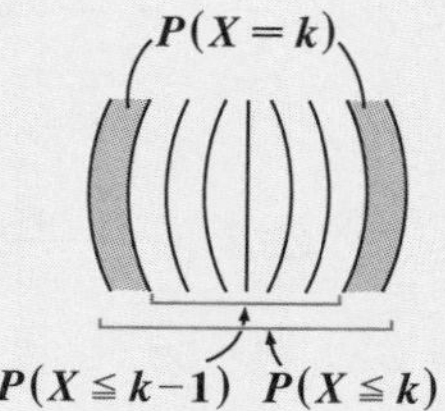

$P(X=k)=P(X\leqq k)-P(X\leqq k-1)$ として，求めればいいんだね。納得いった？

解答＆解説

ココがポイント

1から6までの数字の書かれた6枚のカードから同時に3枚のカードを引く全場合の数 $n(U)$ は，

$n(U)={}_6C_3=\dfrac{6!}{3!\cdot 3!}=\dfrac{6\cdot 5\cdot 4}{3\cdot 2\cdot 1}=20$ である。

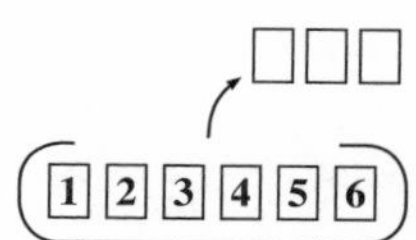

取り出された3枚のカードに書かれた数字の最大値を X とおくと $X=3,\ 4,\ 5,\ 6$ となる。よって，それぞれの確率を求めると，

（$\boxed{1}$, $\boxed{2}$, $\boxed{3}$ の3枚から3枚）

$$P(X=3)=\frac{{}_3C_3}{20}=\frac{1}{20}$$

（1, 2, 3, 4から3枚）（1, 2, 3から3枚）

$$P(X=4)=P(X\leqq 4)-P(X\leqq 3)=\frac{{}_4C_3}{20}-\frac{{}_3C_3}{20}$$

$$=\frac{4}{20}-\frac{1}{20}=\frac{3}{20}$$

⇦タマネギ型確率を用いた。でも，これは（4から1枚）（1, 2, 3から2枚）

$$P(X=4)=\frac{{}_1C_1\cdot{}_3C_2}{20}=\frac{1\times 3}{20}=\frac{3}{20}$$ と求めてもいい。

（1, 2, 3, 4, 5から3枚）（1, 2, 3, 4から3枚）

$$P(X=5)=P(X\leqq 5)-P(X\leqq 4)=\frac{{}_5C_3}{20}-\frac{{}_4C_3}{20}$$

$$=\frac{10}{20}-\frac{4}{20}=\frac{6}{20}=\frac{3}{10}$$

（1, 2, 3, 4, 5, 6から3枚）（1, 2, 3, 4, 5から3枚）

$$P(X=6)=P(X\leqq 6)-P(X\leqq 5)=\frac{{}_6C_3}{20}-\frac{{}_5C_3}{20}$$

$$=\frac{20}{20}-\frac{10}{20}=\frac{10}{20}=\frac{1}{2}$$

（6から1枚）（1, 2, 3, 4, 5から2枚）

これも，$P(X=6)=\frac{{}_1C_1\times{}_5C_2}{20}=\frac{1\times 10}{20}=\frac{1}{2}$ と求めてもいい。

⇦これも，（1, 2, 3, 4から2枚）（5から1枚）

$$P(Y=5)=\frac{{}_1C_1\cdot{}_4C_2}{20}=\frac{1\times 6}{20}=\frac{3}{10}$$ と求めてもいい。

以上より，最大値Xの確率分布表は右下のようになる。

これから，Xの期待値$E(X)$と分散$V(X)$と標準偏差$D(X)$を求めると，

Xの確率分布表

変数 X	3	4	5	6
確率 P	$\frac{1}{20}$	$\frac{3}{20}$	$\frac{3}{10}$	$\frac{1}{2}$

$\left(P_3+P_4+P_5+P_6=\frac{1}{20}+\frac{3}{20}+\frac{6}{20}+\frac{10}{20}=\frac{20}{20}=1\right.$（全確率）となる。$\left.\right)$

(i) $E(X)=3\times\frac{1}{20}+4\times\frac{3}{20}+5\times\frac{6}{20}+6\times\frac{10}{20}$

$$=\frac{1}{20}(3+12+30+60)=\frac{105}{20}$$

$=\frac{21}{4}$ である。……………………(答)(アイ)

⇦ $E(X)=x_3P_3+x_4P_4+x_5P_5+x_6P_6$

$$(\text{ii})\ V(X)=3^2\times\frac{1}{20}+4^2\times\frac{3}{20}+5^2\times\frac{6}{20}+6^2\times\frac{10}{20}-\underbrace{\left(\frac{21}{4}\right)^2}_{m^2=E(X)^2}$$

$\Leftarrow V(X)=x_3{}^2P_3+x_4{}^2P_4+x_5{}^2P_5+x_6{}^2P_6-m^2$

$$=\frac{1}{20}(9+48+150+360)-\frac{441}{16}$$

$$=\underbrace{\frac{567}{20}}_{28+\frac{7}{20}}-\underbrace{\frac{441}{16}}_{\left(27+\frac{9}{16}\right)}=28+\frac{7}{20}-27-\frac{9}{16}$$

$$=1+\frac{28-45}{80}$$

$\Leftarrow \frac{80+28-45}{80}=\frac{63}{80}$

$=\frac{63}{80}$ である。………………………(答)(ウエ)

$(\text{iii})\ D(X)=\sqrt{V(X)}=\sqrt{\frac{63}{80}}=\frac{\sqrt{63}}{\sqrt{80}}=\frac{3\sqrt{7}}{4\sqrt{5}}$

$=\frac{3\sqrt{35}}{20}$ である。……………(答)(オ，カキ)

どう？確率分布から，期待値 $E(X)$ や分散 $V(X)$ などを求める問題だったんだけれど，特に，分散を求めるところが，結構計算も大変であることが分かったと思う。共通テストは，時間がかなり短い試験なんだけれど，問題文が冗長でムダな時間も消費させられるので，できるだけ計算力も鍛えておく必要があるんだね。そのためにも，繰り返し反復練習して，うまい計算の手法も是非マスターしていってほしい。

● 同時確率分布の問題にもチャレンジしよう！

では次，2つの確率変数 X と Y の同時確率分布の問題にもチャレンジしてみよう。同時確率分布の問題での1番のポイントは，X と Y が独立な変数であるか，否かなんだね。X と Y が互いに独立であれば，$E(XY)=E(X)\cdot E(Y)$ や $V(X+Y)=V(X)+V(Y)$ などの重要な公式も利用できるようになるんだね。

演習問題 61　制限時間10分　難易度　CHECK1　CHECK2　CHECK3

(1) 2つの独立な確率変数 $X=2,\ 4$ と $Y=3,\ 6$ の同時確率分布の表を右に示す。ア～オに数値を代入して，この表を完成させよ。
E は期待値を V は分散を表すものとする。このとき，

X と Y の同時確率分布

X \ Y	3	6	
2	$\frac{1}{\boxed{ア}}$	$\frac{1}{\boxed{イ}}$	$\frac{3}{4}$
4	$\frac{1}{\boxed{ウエ}}$	$\frac{1}{\boxed{オ}}$	$\frac{1}{4}$
	$\frac{1}{3}$	$\frac{2}{3}$	

(i) $E(X)=\frac{\boxed{カ}}{2}$　(ii) $E(Y)=\boxed{キ}$　(iii) $V(X)=\frac{\boxed{ク}}{4}$　(iv) $V(Y)=\boxed{ケ}$
(v) $E(X+Y)=\frac{\boxed{コサ}}{2}$　(vi) $E(XY)=\frac{\boxed{シス}}{2}$　(vii) $V(X+Y)=\frac{\boxed{セソ}}{4}$
(viii) $V(2X+3Y)=\boxed{タチ}$ である。

(2) 2つの独立でない確率変数 $X=2,\ 4$ と $Y=3,\ 6$ の同時確率分布の表を右に示す。ツテ～ナに数値を代入して，この表を完成させよ。
E は期待値を，V は分散を表すものとする。このとき，

X と Y の同時確率分布

X \ Y	3	6	
2	$\frac{1}{6}$	$\frac{7}{\boxed{ツテ}}$	$\frac{3}{4}$
4	$\frac{1}{\boxed{ト}}$	$\frac{1}{\boxed{ナ}}$	$\frac{1}{4}$
	$\frac{1}{3}$	$\frac{2}{3}$	

(i) $E(X)=\frac{\boxed{ニ}}{2}$　(ii) $E(Y)=\boxed{ヌ}$
(iii) $E(X+Y)=\frac{\boxed{ネノ}}{2}$　(iv) $E(XY)=\boxed{ハヒ}$ である。

ヒント！ すべての X と Y について，$P(X=k,\ Y=l)=P(X=k)\times P(Y=l)$ が成り立つとき，X と Y は独立な変数といい，このときのみ，$E(XY)=E(X)\cdot E(Y)$，$V(X+Y)=V(X)+V(Y)$，そして，$V(aX+bY)=a^2V(X)+b^2V(Y)$ の公式が成り立つんだね。これがポイントだね。

解答＆解説

(1) $X=2,\ 4$ と $Y=3,\ 6$ は独立な確率変数より，

・$P(X=2,\ Y=3)=P(X=2)\times P(Y=3)$

$$=\frac{3}{4}\times\frac{1}{3}=\frac{1}{4}\quad\cdots\text{(答)(ア)}$$

・$P(X=2,\ Y=6)=P(X=2)\times P(Y=6)$

$$=\frac{3}{4}\times\frac{2}{3}=\frac{1}{2}\quad\cdots\text{(答)(イ)}$$

・$P(X=4,\ Y=3)=P(X=4)\times P(Y=3)$

$$=\frac{1}{4}\times\frac{1}{3}=\frac{1}{12}\quad\cdots\text{(答)(ウエ)}$$

・$P(X=4,\ Y=6)=P(X=4)\times P(Y=6)$

$$=\frac{1}{4}\times\frac{2}{3}=\frac{1}{6}\quad\cdots\text{(答)(オ)}$$

各期待値と分散を求めると，

(ⅰ) $E(X)=2\times\dfrac{3}{4}+4\times\dfrac{1}{4}=\dfrac{3}{2}+1=\dfrac{5}{2}$ …(答)(カ)

(ⅱ) $E(Y)=3\times\dfrac{1}{3}+6\times\dfrac{2}{3}=1+4=5$ …(答)(キ)

(ⅲ) $V(X)=2^2\times\dfrac{3}{4}+4^2\times\dfrac{1}{4}-\underbrace{\left(\dfrac{5}{2}\right)^2}_{E(X)^2}$

$$=3+4-\frac{25}{4}=\frac{28-25}{4}=\frac{3}{4}\quad\cdots\text{(答)(ク)}$$

(ⅳ) $V(Y)=3^2\times\dfrac{1}{3}+6^2\times\dfrac{2}{3}-\underbrace{5^2}_{E(Y)^2}$

$$=3+24-25=2\quad\cdots\cdots\cdots\text{(答)(ケ)}$$

(ⅴ) $E(X+Y)=E(X)+E(Y)$

$$=\frac{5}{2}+5=\frac{15}{2}\quad\cdots\cdots\text{(答)(コサ)}$$

ココがポイント

X と Y の同時確率分布

X \ Y	3	6	
2	$\frac{1}{\boxed{ア}}$	$\frac{1}{\boxed{イ}}$	$\frac{3}{4}$
4	$\frac{1}{\boxed{ウエ}}$	$\frac{1}{\boxed{オ}}$	$\frac{1}{4}$
	$\frac{1}{3}$	$\frac{2}{3}$	

⇦ X の確率分布

X	2	4
P	$\frac{3}{4}$	$\frac{1}{4}$

⇦ Y の確率分布

Y	3	6
P	$\frac{1}{3}$	$\frac{2}{3}$

⇦ この公式：$E(X+Y)=E(X)+E(Y)$ は，X，Y が独立でなくても，常に成り立つ。

(vi)$E(XY)=E(X)\times E(Y)=\dfrac{5}{2}\times 5=\dfrac{25}{2}$ …(答)(シス)

(vii)$V(X+Y)=V(X)+V(Y)$

$=\dfrac{3}{4}+2=\dfrac{11}{4}$ ……(答)(セソ)

(viii)$V(2X+3Y)=2^2V(X)+3^2V(Y)$

$=4\times\dfrac{3}{4}+9\times 2=21$ …(答)(タチ)

⇦ X と Y が独立のときのみ
・$E(XY)=E(X)\cdot E(Y)$
・$V(X+Y)=V(X)+V(Y)$
・$V(aX+bY)=a^2V(X)+b^2V(Y)$
は成り立つんだね。

(2) $X=2,\ 4$ と $Y=3,\ 6$ は独立でない確率変数より，

・$P(X=2,\ Y=6)=P(X=2)-P(X=2,\ Y=3)$

$=\dfrac{3}{4}-\dfrac{1}{6}=\dfrac{7}{12}$ …(答)(ツテ)

・$P(X=4,\ Y=3)=P(Y=3)-P(X=2,\ Y=3)$

$=\dfrac{1}{3}-\dfrac{1}{6}=\dfrac{1}{6}$ …(答)(ト)

・$P(X=4,\ Y=6)=P(X=4)-P(X=4,\ Y=3)$

$=\dfrac{1}{4}-\dfrac{1}{6}=\dfrac{1}{12}$ …(答)(ナ)

X と Y の同時確率分布

X \ Y	3	6	
2	$\frac{1}{6}$	$\frac{7}{\text{ツテ}}$	$\frac{3}{4}$
4	$\frac{1}{\text{ト}}$	$\frac{1}{\text{ナ}}$	$\frac{1}{4}$
	$\frac{1}{3}$	$\frac{2}{3}$	

各期待値と分散を求めると，

(i)$E(X)=2\times\dfrac{3}{4}+4\times\dfrac{1}{4}=\dfrac{3}{2}+1=\dfrac{5}{2}$ …(答)(ニ)

(ii)$E(Y)=3\times\dfrac{1}{3}+6\times\dfrac{2}{3}=1+4=5$ …(答)(ヌ)

(iii)$E(X+Y)=E(X)+E(Y)=\dfrac{5}{2}+5=\dfrac{15}{2}$ …(答)(ネノ)

⇦ (i)(ii)(iii) の $E(X)$，$E(Y)$，$E(X+Y)$ は (1) の結果と同じになる。

(iv)$XY=\underline{6},\ \underline{12},\ \underline{24}$ より，右の XY の確率分布表から，

$X=2,\ Y=3$ （6）
$X=2,\ Y=6$，または $X=4,\ Y=3$ （12）
$X=4,\ Y=6$ （24）

XY の確率分布

XY	6	12	24
P	$\frac{1}{6}$	$\frac{3}{4}$	$\frac{1}{12}$

$\dfrac{3}{4}=\dfrac{7}{12}+\dfrac{1}{6}$（$\dfrac{7}{12}=P(X=2,Y=6)$，$\dfrac{1}{6}=P(X=4,Y=3)$）

$E(XY)=6\times\dfrac{1}{6}+12\times\dfrac{3}{4}+24\times\dfrac{1}{12}$

$=1+9+2=12$ ……(答)(ハヒ)

$E(X)\cdot E(Y)=\dfrac{25}{2}$ とは異なる。

● 二項分布 $B(n, p)$ の決定問題も解いてみよう！

反復試行の確率を $P_k = {}_nC_k \cdot p^k \cdot q^{n-k}$ $(q=1-p)$ $(k=0, 1, 2, \cdots, n)$ とおいて，確率変数 X を $X=k=0, 1, 2, \cdots, n$ とおいたものが，二項分布 $B(n, p)$ なんだね。この二項分布 $B(n, p)$ の問題にもチャレンジしてみよう。

演習問題 62	制限時間 9 分	難易度	CHECK 1	CHECK 2	CHECK 3

二項分布 $B(n, p)$ に従う確率変数 X の平均（期待値）が 3 で，分散が $\frac{9}{4}$ であるとき，$n=$ [アイ]，$p=\frac{1}{[ウ]}$，$q=\frac{[エ]}{[ウ]}$ となる。

(1) $X=k$ $\left(k=0, 1, 2, \cdots, [アイ]\right)$ のときの確率を P_k とおくと，

$\frac{P_6}{P_5}=\frac{7}{[オカ]}$ である。

(2) 一般に，$k=0, 1, 2, \cdots,$ [アイ] -1 のとき，$\frac{P_{k+1}}{P_k}=\frac{[キク]-k}{[ケ](k+[コ])}$

となる。

(i) $\frac{P_{k+1}}{P_k}>1$ のとき，$k>\frac{[サ]}{4}$ となり，

(ii) $\frac{P_{k+1}}{P_k}<1$ のとき，$k<\frac{[サ]}{4}$ となる。

以上 (i), (ii) より，P_k は $k=$ [シ] のとき最大となる。

ヒント！ 二項分布 $B(n, p)$ に従う確率変数 $X=0, 1, 2, \cdots, n$ の確率を P_k とおくと，$P_k={}_nC_k \cdot p^k \cdot q^{n-k}$ $(k=0, 1, 2, \cdots, n)$ となる。この二項分布の期待値

> 1回の試行で，事象 A が起こる確率を p とおくと，起こらない確率は $q(=1-p)$ となる。この試行を n 回行ったとき，k 回のみ事象 A の起こる反復試行の確率を P_k としている。

$E(X)$ と分散 $V(X)$ は，$E(X)=np$，$V(X)=npq$ $(q=1-p)$ と表されるんだね。

解答＆解説

二項分布 $B(n, p)$ に従う確率変数 X の

$$\begin{cases} 期待値\ E(X)=np=3 & \cdots\cdots① \\ 分散\ V(X)=npq=\frac{9}{4} & \cdots\cdots② \ (q=1-p) \end{cases}$$

より，② ÷ ① を求めると，

ココがポイント

⇦ $\begin{cases} np=3 & \cdots\cdots① \\ npq=\frac{9}{4} & \cdots\cdots② \end{cases}$

$$\frac{npq}{np}=\frac{\frac{9}{4}}{3}\qquad \therefore\ q=\frac{9}{12}=\frac{3}{4}$$

よって，$p=1-q=1-\frac{3}{4}=\frac{1}{4}$　これを①に代入して，

$n\times\frac{1}{4}=3$　$\therefore\ n=12$ となる。

以上より，$n=12$，$p=\frac{1}{4}$，$q=\frac{3}{4}$ …(答)(アイ，ウ，エ)

(1) $X=k$ $(k=0,\ 1,\ 2,\ \cdots,\ 12)$ に対する確率を P_k と

おくと，

$$P_k={}_{12}C_k\cdot\left(\frac{1}{4}\right)^k\cdot\left(\frac{3}{4}\right)^{12-k}\quad(k=0,\ 1,\ \cdots,\ 12)$$

⇦ 二項分布（反復試行）の確率 $P_k={}_nC_k\cdot p^k\cdot q^{n-k}$ $(q=1-p)$

となる。よって，

$$\frac{P_6}{P_5}=\frac{{}_{12}C_6\cdot\left(\frac{1}{4}\right)^6\cdot\left(\frac{3}{4}\right)^6}{{}_{12}C_5\cdot\left(\frac{1}{4}\right)^5\cdot\left(\frac{3}{4}\right)^7}=\frac{\frac{12!}{6!6!}\cdot\left(\frac{1}{4}\right)^6\cdot\left(\frac{3}{4}\right)^6}{\frac{12!}{5!7!}\cdot\left(\frac{1}{4}\right)^5\cdot\left(\frac{3}{4}\right)^7}$$

$$=\frac{\frac{1}{6!\cdot6!}}{\frac{1}{5!\cdot7!}}=\frac{5!\cdot7!}{6!\cdot6!}\cdot\frac{1}{4}\cdot\frac{1}{\frac{3}{4}}=\frac{5!}{6!}\cdot\frac{7!}{6!}\cdot\frac{1}{3}$$

⇦ $\frac{5!}{6!}=\frac{5\cdot4\cdot3\cdot2\cdot1}{6\cdot5\cdot4\cdot3\cdot2\cdot1}=\frac{1}{6}$　$\frac{7!}{6!}=\frac{7\cdot6\cdot5\cdot4\cdot3\cdot2\cdot1}{6\cdot5\cdot4\cdot3\cdot2\cdot1}=7$

$=\frac{1}{6}\times7\times\frac{1}{3}=\frac{7}{18}$ …………………(答)(オカ)

(2) 同様に $\frac{P_{k+1}}{P_k}$ $(k=0,\ 1,\ 2,\ \cdots,\ 11)$ を求めると，

$$\frac{P_{k+1}}{P_k}=\frac{{}_{12}C_{k+1}\left(\frac{1}{4}\right)^{k+1}\left(\frac{3}{4}\right)^{11-k}}{{}_{12}C_k\cdot\left(\frac{1}{4}\right)^k\cdot\left(\frac{3}{4}\right)^{12-k}}\ \text{より，}$$

⇦ ${}_{12}C_{k+1}=\frac{12!}{(k+1)!\{12-(k+1)\}!}=\frac{12!}{(k+1)!(11-k)!}$

$$\frac{P_{k+1}}{P_k}=\frac{\dfrac{12!}{(k+1)!(11-k)!}}{\dfrac{12!}{k!\cdot(12-k)!}}\times\frac{\left(\dfrac{1}{4}\right)^{k+1}}{\left(\dfrac{1}{4}\right)^{k}}\times\frac{\left(\dfrac{3}{4}\right)^{11-k}}{\left(\dfrac{3}{4}\right)^{12-k}}$$

$$=\underbrace{\frac{k!}{(k+1)!}}_{\frac{1}{k+1}}\times\underbrace{\frac{(12-k)!}{(11-k)!}}_{12-k}\times\frac{1}{4}\times\frac{1}{\frac{3}{4}}=\frac{1}{3}\cdot\frac{12-k}{k+1}$$

$\therefore\ \dfrac{P_{k+1}}{P_k}=\dfrac{12-k}{3(k+1)}$　$(k=0,\ 1,\ 2,\ \cdots,\ 11)$

………(答)(キク, ケ, コ)

(i) $\dfrac{P_{k+1}}{P_k}=\dfrac{12-k}{3(k+1)}>1$ のとき,

$12-k>3k+3$　$4k<9$　$\therefore\ k<\dfrac{9}{4}$…(答)(サ)

よって, $P_0<P_1<P_2<P_3$ ……③ となる。

⇦ $k<\dfrac{9}{4}=2.25$ より, $k=0,\ 1,\ 2$ のとき, $P_{k+1}>P_k$ $\therefore\ P_0<P_1<P_2<P_3$

(ii) $\dfrac{P_{k+1}}{P_k}=\dfrac{12-k}{3(k+1)}<1$ のとき,

同様に, $k>\dfrac{9}{4}$ となる。

よって, $P_3>P_4>P_5>\cdots>P_{12}$ ……④となる。

⇦ $k>\dfrac{9}{4}=2.25$ より, $k=3,\ 4,\ \cdots,\ 11$ のとき, $P_{k+1}<P_k$ $\therefore\ P_3>P_4>P_5>\cdots>P_{12}$

以上 (i)(ii) の③, ④より,

$P_0<P_1<P_2<\underbrace{P_3}_{\text{最大値}}>P_4>P_5>\cdots>P_{12}$ となるので,

$P_k(k=0,\ 1,\ 2,\ \cdots,\ 12)$ は $k=3$ のとき最大となる。

………(答)(シ)

このようにして, 二項分布の確率 P_k の最大値を求める問題は, 2 次試験でもよく問われるので, シッカリ頭に入れておくといいよ。

● 連続型確率分布の問題も解いてみよう！

連続型確率分布は，確率密度 $f(x)$ で表され，確率はこの定積分の形で求められるんだね。共通テストでも頻出なので，この典型的な問題を解いておこう。

演習問題 63	制限時間 10 分	難易度 ★★	CHECK1	CHECK2	CHECK3

確率密度 $f(x)$ が，$f(x)=\begin{cases} a(4x-x^2) & (0 \leqq x \leqq 3) \\ 0 & (x<0,\ 3<x) \end{cases}$ で表されている。

このとき，定数 a の値は，$a=\dfrac{1}{\boxed{ア}}$ である。この $f(x)$ に従う確率変数 X について，

(i) 期待値 $m=E(X)=\dfrac{\boxed{イ}}{4}$ であり，(ii) 分散 $\sigma^2=V(X)=\dfrac{\boxed{ウエ}}{80}$ であり，

(iii) 標準偏差 $\sigma=D(X)=\dfrac{\sqrt{\boxed{オカキ}}}{20}$ である。

(1) 新たな確率変数 Y を，$Y=2X-1$ で定義すると，Y について，

(i) 期待値 $E(Y)=\dfrac{\boxed{ク}}{2}$ であり，(ii) 分散 $V(Y)=\dfrac{\boxed{ケコ}}{20}$ である。

(2) 新たな確率変数 Z を，$Z=\dfrac{X-m}{\sigma}$ で定義すると，Z について，

(i) 期待値 $E(Z)=\boxed{サ}$ であり，(ii) 分散 $V(Z)=\boxed{シ}$ である。

ヒント！ 確率密度と期待値・分散の問題では，3 つの公式 (i) $\displaystyle\int_{-\infty}^{\infty} f(x)dx=1$ (全確率)，(ii) 期待値 $\displaystyle m=E(X)=\int_{-\infty}^{\infty} xf(x)dx$，(iii) $\displaystyle\sigma^2=V(X)=\int_{-\infty}^{\infty} x^2f(x)dx-m^2$ を利用して解いていこう。

解答＆解説

確率密度の条件より，

$\displaystyle\int_{-\infty}^{\infty} f(x)dx=1$ (全確率) ……① となる。よって，

$$\int_{-\infty}^{0} 0\,dx+\int_{0}^{3} a(4x-x^2)dx+\int_{3}^{\infty} 0\,dx$$

ココがポイント

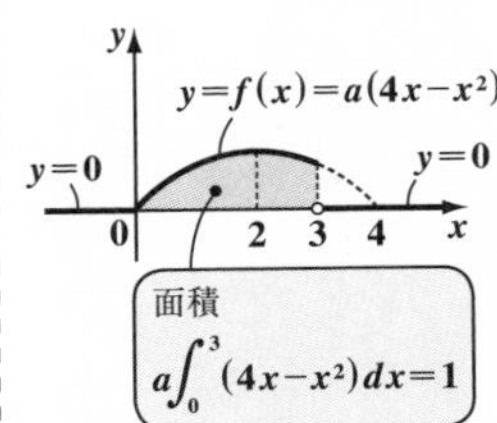

$a\int_0^3 (4x-x^2)dx=1$ より，$9a=1$

$\therefore\ a=\frac{1}{9}$ ……………………………………(答)(ア)

⇦ $\int_0^3 (4x-x^2)dx = \left[2x^2-\frac{1}{3}x^3\right]_0^3 = 18-9=9$

この $f(x)=\frac{1}{9}(4x-x^2)$ に従う確率変数 X について，

(i) 期待値 $m=E(X)=\int_{-\infty}^{\infty} x\cdot f(x)dx$

$\left[\int_0^3 x\cdot\frac{1}{9}(4x-x^2)dx\right]$

⇦ ・$0\leqq x\leqq 3$ のときのみ，$f(x)=\frac{1}{9}(4x-x^2)$

・$x<0$，$3<x$ のとき，$f(x)=0$

$=\frac{1}{9}\int_0^3 (4x^2-x^3)dx=\frac{1}{9}\left[\frac{4}{3}x^3-\frac{1}{4}x^4\right]_0^3$

$=\frac{1}{9}\left(36-\frac{81}{4}\right)=4-\frac{9}{4}=\frac{16-9}{4}=\frac{7}{4}$ …(答)(イ)

(ii) 分散 $\sigma^2=V(X)=\int_{-\infty}^{\infty} x^2 f(x)dx-m^2$

$\left[\int_0^3 x^2\cdot\frac{1}{9}(4x-x^2)dx\right]$　$\left[\left(\frac{7}{4}\right)^2\right]$

$=\frac{1}{9}\int_0^3 (4x^3-x^4)dx-\frac{49}{16}$

$\left[81-\frac{243}{5}\right]$

⇦ $\int_0^3 (4x^3-x^4)dx = \left[x^4-\frac{1}{5}x^5\right]_0^3 = 81-\frac{243}{5}$

$=9-\frac{27}{5}-\frac{49}{16}=\frac{45-27}{5}-\frac{49}{16}=\frac{18}{5}-\frac{49}{16}$

$=\frac{288-245}{80}=\frac{43}{80}$ ……………………(答)(ウエ)

(iii) 標準偏差 $\sigma=D(X)=\sqrt{V(X)}=\sqrt{\frac{43}{80}}$

$=\frac{\sqrt{43}}{4\sqrt{5}}=\frac{\sqrt{215}}{20}$ ……………………(答)(オカキ)

(1) 新たな確率変数 $Y=2X-1$ について,

(i) 期待値 $E(Y)=E(2X-1)=2\underbrace{E(X)}_{\frac{7}{4}}-1$

$=\frac{7}{2}-1=\frac{5}{2}$ ……………(答)(ク)

⇦ 公式：$E(aX+b)=aE(X)+b$

(ii) 分散 $V(Y)=V(2X-1)=2^2\underbrace{V(X)}_{\frac{43}{80}}$

$=4\times\frac{43}{80}=\frac{43}{20}$ …………(答)(ケコ)

⇦ 公式：$V(aX+b)=a^2V(X)$

(2) 新たな確率変数 $\underbrace{Z=\frac{X-m}{\sigma}}_{\text{標準化変数}}$ について,

⇦ X の標準化変数 $Z=\frac{X-m}{\sigma}$ のとき,
・$E(Z)=0$
・$V(Z)=D(Z)=1$
となる。

(i) 期待値 $E(Z)=E\left(\frac{X-m}{\sigma}\right)=\frac{1}{\sigma}\{\underbrace{E(X)}_{m}-m\}$

$=0$ …………………………(答)(サ)

(ii) 分散 $V(Z)=V\left(\frac{X-m}{\sigma}\right)=\frac{1}{\sigma^2}\underbrace{V(X)}_{\sigma^2}$

$=1$ …………………………(答)(シ)

連続型の確率変数の場合，定積分を行う必要があるので，数学 II の微分・積分の計算力が必要となるんだね。また，連続型変数においても，X の標準化変数 $Z=\frac{X-m}{\sigma}$ の期待値は $E(Z)=0$，分散と標準偏差は $V(Z)=D(Z)=1$ となるんだね。

● 標準正規分布の利用法も押さえておこう！

正規分布 $N(m,\ \sigma^2)$ に従う確率変数 X を標準化して $Z=\dfrac{X-m}{\sigma}$ とおくと，Z は標準正規分布 $N(0,\ 1)$ に従うので，標準正規分布表を利用して，様々な確率計算を行うことができるんだね。このやり方についてもマスターしよう。

演習問題 64	制限時間 8 分	難易度 ★	CHECK 1	CHECK 2	CHECK 3

(1) 次の各正規分布 $N(m,\ \sigma^2)$ に従う確率変数 X のそれぞれの確率を右の標準正規分布表を用いて求めよ。

(i) 確率変数 X が正規分布 $N(4,\ 25)$ に従うとき，確率 $P(5 \leqq X \leqq 6)$ は，$P(5 \leqq X \leqq 6)=0.0$ アイウ である。

(ii) 確率変数 X が正規分布 $N(10,\ 16)$ に従うとき，確率 $P(8.8 \leqq X \leqq 12.4)$ は，$P(8.8 \leqq X \leqq 12.4)=0.$ エオカキ である。

(2) 二項分布 $B(n, p)$ は，n が十分に大きいとき，$N(np,\ npq)$ で近似できる。これを利用して，次の各 $B(n,\ p)$ に従う確率変数 X のそれぞれの確率を右の標準正規分布表を用いて求めよ。

標準正規分布表

$\alpha=\int_0^u f_S(z)dz$

u	確率 α
0.1	0.0398
0.2	0.0793
0.3	0.1179
0.4	0.1554
0.5	0.1915
0.6	0.2257
0.7	0.2580
0.8	0.2881
0.9	0.3159
1.0	0.3413

(i) 確率変数 X が二項分布 $B\left(625,\ \dfrac{1}{5}\right)$ に従うとき，確率 $P(118 \leqq X \leqq 124)$ は，$P(118 \leqq X \leqq 124)=0.$ クケコサ である。

(ii) 確率変数 X が二項分布 $B\left(288,\ \dfrac{1}{3}\right)$ に従うとき，確率 $P(92 \leqq X \leqq 104)$ は，$P(92 \leqq X \leqq 104)=0.$ シスセソ である。

ヒント！ (1) では，X を標準化変数 Z に変換して，表を利用して，確率計算をすればいいんだね。(2) では，n は十分に大きいとして，二項分布 $B(n,\ p)$ を，正規分布 $N(np,\ npq)$ で近似して，同様の計算をすればいいんだね。

解答＆解説

(1)(ⅰ) 正規分布 $N(4,\ 25)$ に従う変数 X を標準化して，

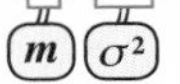

⇦ $m=4$，$\sigma^2=25$ より，$\sigma=\sqrt{25}=5$

$Z=\dfrac{X-m}{\sigma}=\dfrac{X-4}{5}$ とおくと，

$5\leqq X\leqq 6$ は，$0.2\leqq Z\leqq 0.4$ となる。

⇦ $5\leqq X\leqq 6$
$1\leqq X-4\leqq 2$
$\dfrac{1}{5}\leqq \underbrace{\dfrac{X-4}{5}}_{Z}\leqq \dfrac{2}{5}$

よって，求める確率は，表を用いて，

$P(5\leqq X\leqq 6)=P(0.2\leqq Z\leqq 0.4)$
$=P(0\leqq Z\leqq 0.4)-P(0\leqq Z\leqq 0.2)$

[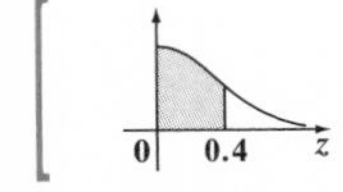 − 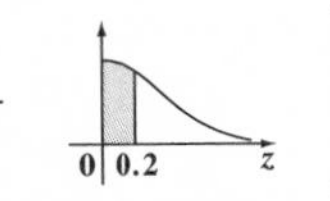]

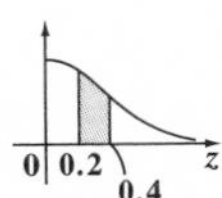

$=0.1554-0.0793=0.0761$ …(答)(アイウ)

(ⅱ) 正規分布 $N(10,\ 16)$ に従う変数 X を標準化して，

⇦ $m=10$，$\sigma^2=16$ より，$\sigma=\sqrt{16}=4$

$Z=\dfrac{X-m}{\sigma}=\dfrac{X-10}{4}$ とおくと，

$8.8\leqq X\leqq 12.4$ は，$-0.3\leqq Z\leqq 0.6$ となる。

⇦ $8.8\leqq X\leqq 12.4$
$-1.2\leqq X-10\leqq 2.4$
$-0.3\leqq \underbrace{\dfrac{X-10}{4}}_{Z}\leqq 0.6$

よって，求める確率は，表を用いて，

$P(8.8\leqq X\leqq 12.4)=P(-0.3\leqq Z\leqq 0.6)$
$=P(0\leqq Z\leqq 0.3)+P(0\leqq Z\leqq 0.6)$

[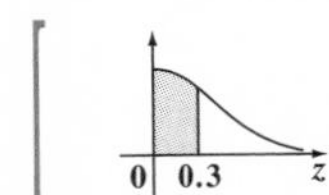 + 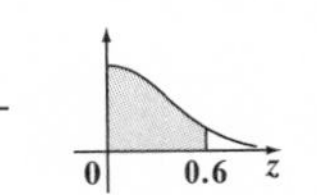]

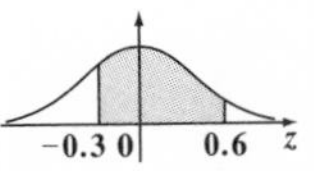

$=0.1179+0.2257=0.3436$ …(答)(エオカキ)

(2)(ⅰ) 二項分布 $B\left(\underbrace{625}_{n},\ \underbrace{\dfrac{1}{5}}_{p}\right)$ では，$n=625$ は十分に大きいと考えて，これは正規分布 $N(\underbrace{125}_{m},\ \underbrace{100}_{\sigma^2})$ で近似できる。

⇦ $N\left(\underbrace{625\times\dfrac{1}{5}}_{np=m},\ \underbrace{625\times\dfrac{1}{5}\times\dfrac{4}{5}}_{npq=\sigma^2}\right)$
$=N(125,\ 100)$

$N(125,\ 100)$ に従う変数 X を標準化して，

$Z=\dfrac{X-m}{\sigma}=\dfrac{X-125}{10}$ とおくと，

$118 \leqq X \leqq 124$ は，$-0.7 \leqq Z \leqq -0.1$ となる。

⇦ $118 \leqq X \leqq 124$
$-7 \leqq X-125 \leqq -1$
$-0.7 \leqq \underbrace{\dfrac{X-125}{10}}_{Z} \leqq -0.1$

よって，求める確率は，表を用いて，

$P(118 \leqq X \leqq 124) = \underline{P(-0.7 \leqq Z \leqq -0.1)}$

（標準正規分布 $N(0,\ 1)$ の対称性から，$P(0.1 \leqq Z \leqq 0.7)$ と同じ。）

$= P(0 \leqq Z \leqq 0.7) - P(0 \leqq Z \leqq 0.1)$

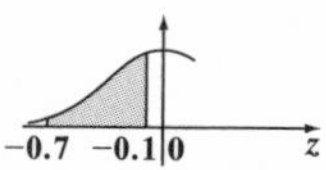

$= 0.2580 - 0.0398 = 0.2182$ …(答)(クケコサ)

(ii) 二項分布 $B\left(\underbrace{288}_{n},\ \underbrace{\dfrac{1}{3}}_{p}\right)$ では，$n=288$ は十分に大きいと考えて，これは正規分布 $N(\underbrace{96}_{m},\ \underbrace{64}_{\sigma^2})$ で近似できる。

⇦ $N\left(\underbrace{288\times\dfrac{1}{3}}_{np=m},\ \underbrace{288\times\dfrac{1}{3}\times\dfrac{2}{3}}_{npq=\sigma^2}\right)$
$=N(96,\ 64)$

$N(96,\ 64)$ に従う変数 X を標準化して，

$Z = \dfrac{X-m}{\sigma} = \dfrac{X-96}{8}$ とおくと，

$92 \leqq X \leqq 104$ は，$-0.5 \leqq Z \leqq 1$ となる。

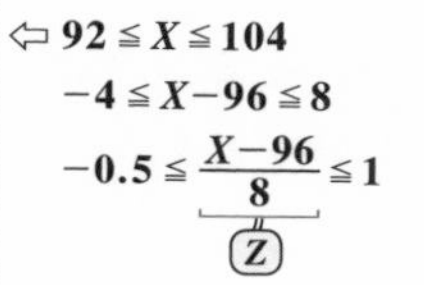

⇦ $92 \leqq X \leqq 104$
$-4 \leqq X-96 \leqq 8$
$-0.5 \leqq \underbrace{\dfrac{X-96}{8}}_{Z} \leqq 1$

よって，求める確率は，表を用いて，

$P(92 \leqq X \leqq 104) = P(-0.5 \leqq Z \leqq 1.0)$

$= P(0 \leqq Z \leqq 0.5) + P(0 \leqq Z \leqq 1.0)$

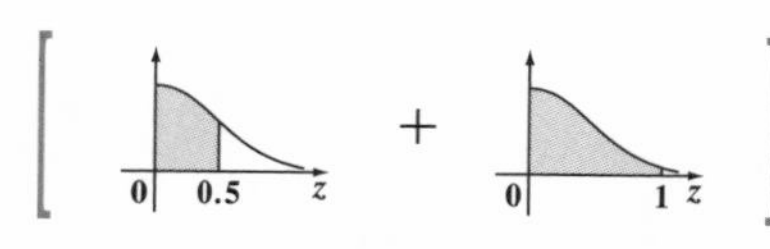

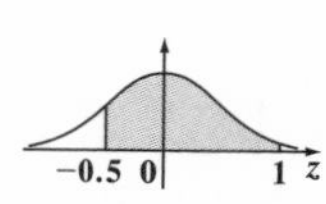

$= 0.1915 + 0.3413 = 0.5328$ …(答)(シスセソ)

どう？ 標準正規分布表を利用する際には，この確率密度 $f_S(z)$ が，$z=0$ の軸に関して左右対称なグラフであることを利用していくんだね。

このところ，共通テストでは，この演習問題 **64 (P100)** の形の標準正規分布表が用いられているが，一般には，これとは違った表が利用されることが多い。共通テストでも，こちらの形の表が使われる可能性もあるので，ここで参考として，その利用法を示しておこう。

参考

右の標準正規分布表を用いると，

(1)(ⅰ) $P(0.2 \leqq Z \leqq 0.4)$

$= P(0.2 \leqq Z) - P(0.4 \leqq Z)$

$= 0.4207 - 0.3446 = 0.0761$

(ⅱ) $P(-0.3 \leqq Z \leqq 0.6)$

$= 1 - P(0.3 \leqq Z) - P(0.6 \leqq Z)$

$= 1 - 0.3821 - 0.2743 = 0.3436$

(2)(ⅰ) $P(-0.7 \leqq Z \leqq -0.1)$

$= P(0.1 \leqq Z) - P(0.7 \leqq Z) = 0.4602 - 0.2420 = 0.2182$

(ⅱ) $P(-0.5 \leqq Z \leqq 1)$

$= 1 - P(0.5 \leqq Z) - P(1 \leqq Z)$

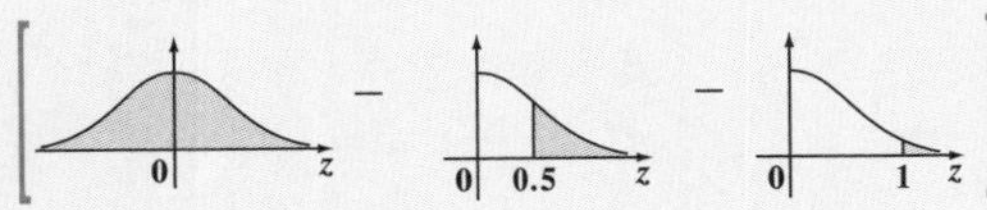

$= 1 - 0.3085 - 0.1587 = 0.5328$

標準正規分布表

$\alpha = \int_u^{\infty} f_S(z)\,dz$

u	α
0.1	0.4602
0.2	0.4207
0.3	0.3821
0.4	0.3446
0.5	0.3085
0.6	0.2743
0.7	0.2420
0.8	0.2119
0.9	0.1841
1.0	0.1587

どう？この参考の表の形で与えられても，$f_S(z)$ のグラフの対称性を頭に描きながら計算していけばいいことが分かったでしょう。

● 中心極限定理の問題も解いてみよう！

母平均 m，母分散 σ^2 をもつ同一の（または巨大な）母集団から，n 個の標本を抽出したとき，この n が十分に大きければ，標本平均 $\overline{X}$ は正規分布 $N\left(m,\ \frac{\sigma^2}{n}\right)$ に従うことになる。これが"**中心極限定理**（ちゅうしんきょくげんていり）"なんだね。この問題も解いてみよう。

演習問題 65	制限時間７分	難易度	CHECK1	CHECK2	CHECK3

母平均 $m=20$，母分散 $\sigma^2=30$ の巨大な母集団から，大きさ $n=120$ の標本を抽出したとき，n は十分に大きいと考えて，標本平均 $\overline{X}$ は，正規分布 $N\left(\boxed{アイ},\ \frac{1}{\boxed{ウ}}\right)$ に従う。

(1) $\overline{X}$ の標準化変数を Z とおくと，
$Z=\boxed{エ}\left(\overline{X}-\boxed{オカ}\right)$ となる。

(2)（ⅰ）確率 $P(-1.96\leqq Z\leqq 1.96)=0.95$ をみたす変数 $\overline{X}$ の値の範囲は
$\boxed{キク}.\boxed{ケコ}\leqq\overline{X}\leqq\boxed{サシ}.\boxed{スセ}$ である。

（ⅱ）確率 $P(-2.58\leqq Z\leqq 2.58)=0.99$ をみたす変数 $\overline{X}$ の値の範囲は
$\boxed{ソタ}.\boxed{チツ}\leqq\overline{X}\leqq\boxed{テト}.\boxed{ナニ}$ である。

Babaのレクチャー

高校数学の範囲での証明は難しいんだけれど，平均 m，分散 σ^2 の同一の確率分布から取り出された n 個の変数 $X_1,\ X_2,\ \cdots,\ X_n$ の相加平均を $\overline{X}=\frac{X_1+X_2+\ \cdots\ +X_n}{n}$ とおくと，n が十分大きいとき，この $\overline{X}$ は正規分布 $N\left(m,\ \frac{\sigma^2}{n}\right)$（平均 m，分散 $\frac{\sigma^2}{n}$）に従うことが分かっている。これを"**中心極限定理**（ちゅうしんきょくげんていり）"という。

（母集大の数が巨大であれば，n 個の標本を抽出しても，同一の分布から抽出したものとみなせる。）

中心極限定理のイメージ

平均 m，分散 σ^2 の n 個の同一の分布

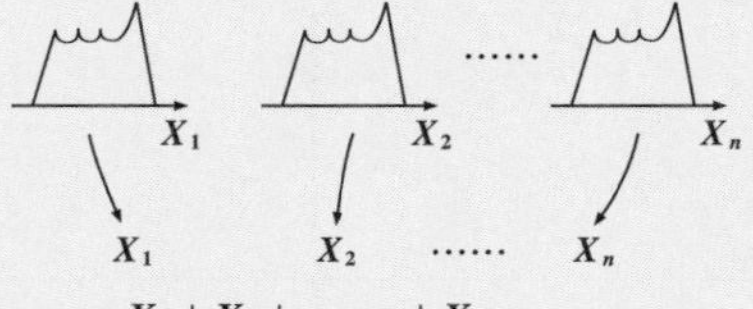

$\overline{X}=\frac{X_1+X_2+\ \cdots\cdots\ +X_n}{n}$ とおくと，

$\overline{X}$ は正規分布 $N\left(m,\ \frac{\sigma^2}{n}\right)$ に従う。

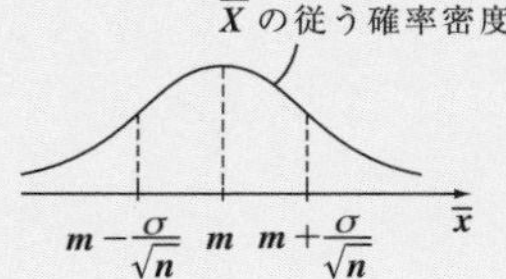

解答＆解説

母平均 $m=20$，母分散 $\sigma^2=30$ の巨大な母集団から，$n=120$ の標本を抽出して，その変数を $X_1, X_2, \cdots, X_{120}$ とおくと，この標本平均 $\overline{X}$ は，n を十分大きな数と考えると，中心極限定理により，正規分布 $N\left(m, \dfrac{\sigma^2}{n}\right)$ に従う。

よって，標本平均 $\overline{X}$ は，正規分布 $N\left(20, \dfrac{1}{4}\right)$ に従う。

………(答)(アイ，ウ)

(1) この確率変数(標本平均)$\overline{X}$ の標準化変数 Z を求めると，$Z=\dfrac{\overline{X}-m}{\sqrt{\dfrac{\sigma^2}{n}}}=2(\overline{X}-20)$ ……① となる。

………(答)(エ，オカ)

(2) 標準化変数 Z は，標準正規分布 $N(0, 1)$ に従う。
したがって，

(i) Z が $0.95(=95\%)$ の確率で存在する区間は，$-1.96 \leqq Z \leqq 1.96$ である。

よって，$P(-1.96 \leqq \underset{2(\overline{X}-20)\,(①より)}{\underline{Z}} \leqq 1.96)=0.95$ をみたす $\overline{X}$ の取り得る値の範囲は，①より，

$-1.96 \leqq 2(\overline{X}-20) \leqq 1.96$　各辺を2で割って，

$-0.98 \leqq \overline{X}-20 \leqq 0.98$　各辺に20をたして，

$19.02 \leqq \overline{X} \leqq 20.98$

………(答)(キク，ケコ，サシ，スセ)

ココがポイント

⇦ $N\left(m, \dfrac{\sigma^2}{n}\right)$　$m=20$，$\dfrac{\sigma^2}{n}=\dfrac{30}{120}=\dfrac{1}{4}$

⇦ $Z=\dfrac{\overline{X}-m}{\sqrt{\dfrac{\sigma^2}{n}}}=\dfrac{\overline{X}-20}{\sqrt{\dfrac{1}{4}}}=\dfrac{\overline{X}-20}{\dfrac{1}{2}}$

⇦

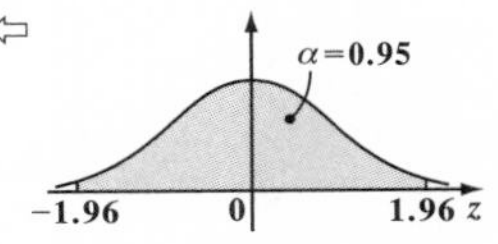

$P(-1.96 \leqq Z \leqq 1.96)=0.95$
これらの数字は覚えよう。

(ⅱ) Z が $0.99(=99\%)$ の確率で存在する区間は，

$-2.58 \leqq Z \leqq 2.58$ である。

よって，$P(-2.58 \leqq \underset{\substack{\| \\ 2(\overline{X}-20)\ (①より)}}{Z} \leqq 2.58)=0.99$ をみたす

$\overline{X}$ の取り得る値の範囲は，①より，

$-2.58 \leqq 2(\overline{X}-20) \leqq 2.58$　両辺を 2 で割って，

$-1.29 \leqq \overline{X}-20 \leqq 1.29$　両辺に 20 をたして，

$18.71 \leqq \overline{X} \leqq 21.29$

………(答)(ソタ，チツ，テト，ナニ)

⇦ 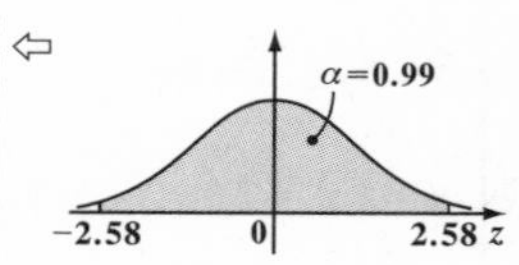

標準正規分布 $N(0,\ 1)$ に従う標準化変数 Z が，

(ⅰ) 95% の確率で存在する区間は，$-1.96 \leqq Z \leqq 1.96$ であり，

(ⅱ) 99% の確率で存在する区間は，$-2.58 \leqq Z \leqq 2.58$ である。

これらの数値は，統計的推測や検定でもよく利用されるので，シッカリ頭に入れておこう。ン？何かうまい覚え方はないかって？あるよ！

「“イー黒(クロ)”に“日光焼(ニッコーヤ)け”」と覚えておくと，忘れないはずだ。
　1 . 96　　　2 .5 8

● 母平均の区間推定の問題を解いてみよう！

では次，母平均の区間推定の問題にチャレンジしよう。次の典型問題を解いてごらん。

演習問題 66	制限時間 6 分	難易度	CHECK1	CHECK2	CHECK3

ある地方の高校 **2** 年生 **3** 万人に，**50** 点満点の数学の試験を実施した。この採点結果を母集団として，これから **225** 人の得点を無作為に標本抽出した結果，標本平均が **30** 点，標本標準偏差が **3** 点であった。このとき，標本数 $n=225$ は十分に大きいものとして，この母集団の平均 m について，

(i) **95**%信頼区間は，[アイ].[ウエオ] $\leqq m \leqq$ [カキ].[クケコ] である。また，

(ii) **99**%信頼区間は，[サシ].[スセソ] $\leqq m \leqq$ [タチ].[ツテト] である。

Babaのレクチャー

母平均が m で，母標準偏差が σ の母集団から，大きさ n の標本を抽出して，その標本平均を $\overline{X}$ とおくと，$\overline{X}$ は正規分布 $N\left(m,\ \dfrac{\sigma^2}{n}\right)$ に従う。よって，この標準化変数 Z を $Z=\dfrac{\overline{X}-m}{\dfrac{\sigma}{\sqrt{n}}}$ とおくと，Z は標準正規分布 $N(0,\ 1)$ に従う。よって，この Z の

(i) **95**%の存在区間は，$P(-1.96 \leqq Z \leqq 1.96)=0.95$ より，

$-1.96 \leqq \dfrac{\overline{X}-m}{\dfrac{\sigma}{\sqrt{n}}} \leqq 1.96$ から，母平均 m の **95**%信頼区間は，

$m \leqq \overline{X}+1.96\dfrac{\sigma}{\sqrt{n}}$ 　 $\overline{X}-1.96\dfrac{\sigma}{\sqrt{n}} \leqq m$

$\overline{X}-1.96\dfrac{\sigma}{\sqrt{n}} \leqq m \leqq \overline{X}+1.96\dfrac{\sigma}{\sqrt{n}}$ ……(*) となる。

ただし，母標準偏差 σ が未知のときでも，n が十分大きければ，σ の代わりに，標本標準偏差 S を代入することができて，(*)は，

$\overline{X}-1.96\dfrac{S}{\sqrt{n}} \leqq m \leqq \overline{X}+1.96\dfrac{S}{\sqrt{n}}$ ……(*)′ としてもいい。

(ii) **99**%区間では，(*)′ の **1.96** が **2.58** になるだけだね。

解答&解説

ココがポイント

標本の大きさ $n=225$，標本平均 $\overline{X}=30$，標本標準偏差 $S=3$ であり，n は十分大きな数と考えてよいので，

(ⅰ) 母平均 m の 95% 信頼区間は，

$$\overline{X}-1.96\cdot\frac{S}{\sqrt{n}} \leqq m \leqq \overline{X}+1.96\cdot\frac{S}{\sqrt{n}}$$ より，

$$30-1.96\cdot\frac{3}{\sqrt{225}} \leqq m \leqq 30+1.96\cdot\frac{3}{\sqrt{225}}$$

$1.96\times\frac{1}{5}=0.392$　　0.392

$\therefore$ $29.608 \leqq m \leqq 30.392$ …………(答)

(アイ, ウエオ, カキ, クケコ)

(ⅱ) 母平均 m の 99% 信頼区間は，

$$\overline{X}-2.58\cdot\frac{S}{\sqrt{n}} \leqq m \leqq \overline{X}+2.58\cdot\frac{S}{\sqrt{n}}$$ より，

$$30-2.58\cdot\frac{3}{\sqrt{225}} \leqq m \leqq 30+2.58\cdot\frac{3}{\sqrt{225}}$$

$2.58\times\frac{1}{5}=0.516$　　0.516

$\therefore$ $29.484 \leqq m \leqq 30.516$ …………(答)

(サシ, スセソ, タチ, ツテト)

⇦ $n=225$ は十分に大きいので，σ の代わりに S が使える。

⇦ 公式

⇦ $1.96\times\frac{3}{\sqrt{225}}$　$\frac{3}{15}=\frac{1}{5}$

⇦ 公式

⇦ 99% 信頼区間では，1.96(イークロ)が，2.58(日光焼け)に変わるだけだね。

母平均 m の (ⅰ) 95% 信頼区間と (ⅱ) 99% 信頼区間の公式は，元の意味さえ分かっていれば導くことは易しいんだけれど，共通テストは時間勝負の試験だから，覚えておいて，すぐに使えるようにしておくといいよ。

それでは，もう 1 題，この母平均の区間推定の問題を解いておこう。

演習問題 67 制限時間 8 分 難易度 ☆☆ CHECK 1 CHECK 2 CHECK 3

ある地域の高校 **2** 年生 **20** 万人に，**100** 点満点の英語のテストを行った。この採点結果を母集団として，これから **1024** 人分の得点を無作為に抽出した結果，標本平均と標本標準偏差 S は，それぞれ $\overline{X}=65$ 点，$S=16$ 点であった。このとき，標本数 $n=1024$ は十分に大きな数として，この母平均 m について，

(i) **95**％信頼区間を求めると，［アイ］.［ウエ］$\leqq m \leqq$［オカ］.［キク］であり，

(ii) **99**％信頼区間を求めると，［ケコ］.［サシ］$\leqq m \leqq$［スセ］.［ソタ］である。

次に，**95**％信頼区間の幅を **0.98** 以下にするための最小の標本数 n' を求めると，$n'=$［チツテト］である。

ヒント！ (i) m の **95**％信頼区間では，公式：$\overline{X}-1.96\cdot\frac{S}{\sqrt{n}} \leqq m \leqq \overline{X}+1.96\cdot\frac{S}{\sqrt{n}}$ を用い，(ii) m の **99**％信頼区間では，公式：$\overline{X}-2.58\cdot\frac{S}{\sqrt{n}} \leqq m \leqq \overline{X}+2.58\cdot\frac{S}{\sqrt{n}}$ を用いればいいんだね。また，**95**％信頼区間の幅は，$2\times1.96\cdot\frac{S}{\sqrt{n}}$ となるんだね。

解答＆解説

標本の大きさ $n=1024\,(=2^{10})$，標本平均 $\overline{X}=65$，標本標準偏差 $S=16\,(=2^4)$ であり，n は十分に大きな数と考えてよいので，

(i) 母平均 m の **95**％信頼区間は，

$$\overline{X}-1.96\cdot\frac{S}{\sqrt{n}} \leqq m \leqq \overline{X}+1.96\cdot\frac{S}{\sqrt{n}} \text{ より，}$$

$$65-1.96\cdot\frac{16}{\sqrt{1024}} \leqq m \leqq 65+1.96\cdot\frac{16}{\sqrt{1024}}$$

$$1.96\cdot\frac{2^4}{\sqrt{2^{10}}}=1.96\cdot\frac{1}{2}=0.98 \qquad 0.98$$

$$\therefore\ 64.02 \leqq m \leqq 65.98 \ \cdots\cdots\cdots\cdots(\text{答})$$

（アイ，ウエ，オカ，キク）

ココがポイント

⇦ n は十分大きいので，母標準偏差 σ の代わりに標本標準偏差 S を用いてもいい。

(ⅱ) 母平均 m の 99%信頼区間は，

$$\overline{X}-2.58\cdot\frac{S}{\sqrt{n}}\leqq m\leqq\overline{X}+2.58\cdot\frac{S}{\sqrt{n}} \text{ より，}$$

⇦ 95%のときに比べて，1.96 が 2.58 に変わるだけだね。

$$65-2.58\cdot\underbrace{\frac{16}{\sqrt{1024}}}_{2.58\times\frac{1}{2}=1.29}\leqq m\leqq 65+\underbrace{2.58\cdot\frac{16}{\sqrt{1024}}}_{1.29}$$

$\therefore\ 63.71\leqq m\leqq 66.29$ …………(答)

(ケコ, サシ, スセ, ソタ)

次に，95%信頼区間の幅は，

$2\times1.96\cdot\frac{16}{\sqrt{n}}$ であり，これが 0.98 以下となる n の値の範囲を求めると，

⇦ $\underline{\overline{X}-1.96\frac{S}{\sqrt{n}}}\leqq m\leqq\overline{X}+1.96\frac{S}{\sqrt{n}}$ より，この幅は，$\overline{X}+1.96\frac{S}{\sqrt{n}}-\left(\overline{X}-1.96\frac{S}{\sqrt{n}}\right)=2\times1.96\cdot\frac{S}{\sqrt{n}}$

$2\times1.96\times\frac{2^4}{\sqrt{n}}\leqq 0.98$ より，$2^5\times\underbrace{\frac{1.96}{0.98}}_{2}\leqq\sqrt{n}$

$2^6\leqq\sqrt{n}$　両辺を 2 乗して，

$\underbrace{2^{12}}_{4\times1024=4096}\leqq n$　　$\therefore\ 4096\leqq n$

⇦ $2^5=32$ と $2^{10}=1024$ は覚えておこう。

∴求める n の最小値は 4096 である。

………(答)(チツテト)

これで，母平均の信頼区間の問題にも自信がついたでしょう？

● 母比率の区間推定の問題にもチャレンジしよう！

たとえば，自動車の所有率とか，政党の支持率のように，ある性質をもつものの全体の母集団に対する割合を，**母比率**(ぼひりつ) p と呼び，また，大きさ n の標本についての割合を**標本比率**(ひょうほんひりつ) $\overline{p}$ と呼ぶ。そして，母比率 p の(i)95％信頼区間や(ii)99％信頼区間は，n と $\overline{p}$ を用いて表すことができるんだね。次の問題で練習しておこう。

演習問題 68	制限時間 8 分	難易度	CHECK1	CHECK2	CHECK3

A 大学の学生から 600 人を無作為に抽出して，M 社の数学書で学習している人の数を調べたところ，240 人であった。
この利用率 p について，

(i) p の 95％信頼区間を求めると，
　0. [アイウエ] $\leqq p \leqq$ 0. [オカキク] である。

(ii) p の 99％信頼区間を求めると，
　0. [ケコサシ] $\leqq p \leqq$ 0. [スセソタ] である。

Babaのレクチャー

A 大学の学生の母集団が，M 社の数学書を利用している母比率を p とおき，n 人中 r 人の学生が利用している確率を P_r とおくと，反復試行の確率より，$P_r = {}_nC_r \cdot p^r \cdot q^{n-r}$ $(q=1-p,\ r=0,\ 1,\ 2,\ \cdots,\ n)$ となる。ここで，確率変数 $X = r$ $(r=0,\ 1,\ \cdots,\ n)$ とおくと，X は，二項分布 $B(n,\ p)$ に従い，さらに n が十分大きな数の場合，これは近似的に正規分布 $N(np,\ n\overline{p}(1-\overline{p}))$ ($\overline{p}$ は，標本比率) に従う。よって，この標準化

（これは，p のまま！　$np = m$，$1-\overline{p} = \overline{q}$，$n\overline{p}(1-\overline{p}) = \sigma^2$）

変数 $Z = \dfrac{X-m}{\sigma} = \dfrac{X-np}{\sqrt{n\overline{p}(1-\overline{p})}}$ は，標準正規分布 $N(0,\ 1)$ に従う。よって，Z が 95％存在する範囲や 99％存在する範囲から，母比率 p の "**95％信頼区間**" や "**99％信頼区間**" を次のように求めることができる。

（95％存在する範囲：$-1.96 \leqq Z \leqq 1.96$，99％存在する範囲：$-2.58 \leqq Z \leqq 2.58$）

(Ⅰ) 母比率 p の 95%信頼区間について，

$P(-1.96 \leqq Z \leqq 1.96)=0.95$ より，左辺の( ) 内を変形して，

$-1.96 \leqq \dfrac{X-np}{\sqrt{n\overline{p}(1-\overline{p})}} \leqq 1.96$ より，$\underbrace{-1.96\sqrt{n\overline{p}(1-\overline{p})} \leqq X-np}_{(ア)} \leqq 1.96\sqrt{n\overline{p}(1-\overline{p})}$ ，$\underbrace{X-np \leqq 1.96\sqrt{n\overline{p}(1-\overline{p})}}_{(イ)}$

(ア) より，$np \leqq X+1.96\sqrt{n\overline{p}(1-\overline{p})}$　両辺を n で割って，$\dfrac{X}{n}=\overline{p}$ より，

$p \leqq \dfrac{X}{n}+1.96\dfrac{\sqrt{n\overline{p}(1-\overline{p})}}{n}$　$\therefore p \leqq \overline{p}+1.96\sqrt{\dfrac{\overline{p}(1-\overline{p})}{n}}$

(イ) より，$X-1.96\sqrt{n\overline{p}(1-\overline{p})} \leqq np$　同様に，両辺を n で割って，

$\dfrac{X}{n}-1.96\dfrac{\sqrt{n\overline{p}(1-\overline{p})}}{n} \leqq p$　$\therefore \overline{p}-1.96\sqrt{\dfrac{\overline{p}(1-\overline{p})}{n}} \leqq p$

$$P\left(\overline{p}-1.96\sqrt{\frac{\overline{p}(1-\overline{p})}{n}} \leqq p \leqq \overline{p}+1.96\sqrt{\frac{\overline{p}(1-\overline{p})}{n}}\right)=0.95$$ となる。

これから，母比率 p の 95%信頼区間が，

$$\overline{p}-1.96\sqrt{\frac{\overline{p}(1-\overline{p})}{n}} \leqq p \leqq \overline{p}+1.96\sqrt{\frac{\overline{p}(1-\overline{p})}{n}} \quad \cdots\cdots(*)$$

(Ⅱ) 母比率 p の 99%信頼区間について，

$P(-2.58 \leqq Z \leqq 2.58)=0.99$ より，(Ⅰ) とまったく同様の変形を行えば，p の 99%信頼区間が次のように導けることも大丈夫だね。

$$\overline{p}-2.58\sqrt{\frac{\overline{p}(1-\overline{p})}{n}} \leqq p \leqq \overline{p}+2.58\sqrt{\frac{\overline{p}(1-\overline{p})}{n}} \quad \cdots\cdots(*)'$$

解答＆解説

A 大学全体の学生の M 社の数学書の利用率を母比率 p とおく。

標本数 $n=600$，標本比率 $\overline{p}=\dfrac{240}{600}=0.4$

ここで，n は十分に大きな数と考えて，

ココがポイント

(i) 母比率 p の 95% 信頼区間を求めると，

$$\overline{p}-1.96\sqrt{\frac{\overline{p}(1-\overline{p})}{n}} \leqq p \leqq \overline{p}+1.96\sqrt{\frac{\overline{p}(1-\overline{p})}{n}}$$ より，

⇦ p の 95% 信頼区間の公式

$$0.4-\underbrace{1.96\times\sqrt{\frac{0.4\times0.6}{600}}}_{1.96\times\frac{1}{50}=0.0392} \leqq p \leqq 0.4+\underbrace{1.96\times\sqrt{\frac{0.4\times0.6}{600}}}_{0.0392}$$

⇦ $\sqrt{\frac{0.4\times0.6}{600}}=\sqrt{\frac{0.24}{600}}=\sqrt{\frac{2400}{600}\times\frac{1}{10000}}=\sqrt{\frac{4}{10000}}=\sqrt{\frac{2^2}{100^2}}=\frac{2}{100}=\frac{1}{50}$

$\therefore 0.3608 \leqq p \leqq 0.4392$ …………(答)

(アイウエ, オカキク)

(ii) 母比率 p の 99% 信頼区間を求めると，

$$\overline{p}-2.58\sqrt{\frac{\overline{p}(1-\overline{p})}{n}} \leqq p \leqq \overline{p}+2.58\sqrt{\frac{\overline{p}(1-\overline{p})}{n}}$$ より，

⇦ 95% のときの公式の係数 1.96(イー黒) が，99% では 2.58(日光焼け) に変わるだけだね。

$$0.4-\underbrace{2.58\times\sqrt{\frac{0.4\times0.6}{600}}}_{2.58\times\frac{1}{50}=0.0516} \leqq p \leqq 0.4+\underbrace{2.58\times\sqrt{\frac{0.4\times0.6}{600}}}_{0.0516}$$

$\therefore 0.3484 \leqq p \leqq 0.4516$ …………(答)

(ケコサシ, スセソタ)

母比率の信頼区間の公式の導き方も示したけれど，これも，共通テストではよく出題されるはずだから，公式として覚えておいて，すぐに使えるように，反復練習しておこう！

● 仮説の検定問題にもチャレンジしよう！

「袋菓子の内容量が**200g**である。」とか，「携帯のフル充電の時間が**2**時間である。」とか，様々な表示を**1**つの仮説として考えて，これを棄却(ききゃく)すべきか，否かを調べることを**検定**(けんてい)というんだね。この検定の問題も，これから解いてみよう。

演習問題 69	制限時間９分	難易度	CHECK1	CHECK2	CHECK3

あるメーカーの缶詰の内容量が**100g**と表示してあった。ある消費者団体が，この表示に偽りがないかを調べるために，無作為に抽出した**64**個の缶詰の内容量を測定した結果，平均の内容量が**99.64g**であった。この缶詰全体の内容量は，正規分布$N(m,\ 2.56)$に従うものとする。このとき，「仮説H_0：缶詰全体の平均の内容量は$m=100\text{g}$である。」を「対立仮説H_1：$m \neq 100\text{g}$」として，

(i) 有意水準$\alpha=0.05$で検定すると，

正規分布$N(m,\ 2.56)$に従う母集団(全缶詰の内容量のデータ)から，$n=64$個の標本$X_1,\ X_2,\ \cdots,\ X_{64}$を抽出したとき，標本平均

$\overline{X}=\dfrac{1}{64}\sum_{k=1}^{64}X_k$は，正規分布$N\left(m,\ \dfrac{2.56}{\boxed{アイ}}\right)$に従う。

よって，この$\overline{X}$の標準化変数Zを検定統計量とおくと，この実現値は，

$$Z=\frac{\overline{X}-\boxed{ウエオ}}{\sqrt{\dfrac{2.56}{\boxed{アイ}}}}=-\boxed{カ}.\boxed{キ}\ \cdots\cdots①\ \text{となる。}$$

$\alpha=0.05\ (=5\%)$の棄却域Rは，$Z\leqq-1.96$または$1.96\leqq Z$より，①は，この棄却域Rに$\boxed{ク}$。よって，仮説H_0は$\boxed{ケ}$。

(ii) 有意水準$\alpha=0.01$で検定すると，

同様に，$\overline{X}$は，正規分布$N\left(m,\ \dfrac{2.56}{\boxed{アイ}}\right)$に従うので，この標準化変数$Z$を検定統計量とすると，この実現値は，$Z=-\boxed{カ}.\boxed{キ}$ ……① となる。

$\alpha=0.01\ (=1\%)$の棄却域Rは，$Z\leqq-2.58$または$2.58\leqq Z$より，①は，この棄却域Rに$\boxed{コ}$。よって，仮説H_0は$\boxed{サ}$。

ただし，$\boxed{ク}$～$\boxed{サ}$は，次の⓪～⑤から選べ。

⓪入る　①入らない　②どちらとも言えない
③棄却されない　④採用される　⑤棄却される

ヒント！ 仮説 $H_0 : m = m_0$ を検定する際，n 個の標本を取り出したとき，その標本平均 $\overline{X}$ と m_0 との差 $\overline{X} - m_0$ を，$\overline{X}$ の標準偏差 $\dfrac{\sigma}{\sqrt{n}}$ で割った標準化変数(検定統計量) $Z = \dfrac{\overline{X} - m_0}{\dfrac{\sigma}{\sqrt{n}}}$ の実現値が，(i) $\alpha = 0.05$ のときの棄却域 R に入れば，5%しか起こり得ないような状況が起こったので，仮説 H_0 を棄却する(捨てる)ことになる。そうでなければ95%の当り前のことが起こっているだけなので，棄却しないことになるんだね。(ii) $\alpha = 0.01$ のときも，棄却域 R が変化するだけで，同様に検定すればいいんだね。

解答＆解説

缶詰全体の内容量(母集団)の母平均を m とおく。

・仮説 $H_0 : m = 100$(g) であり，

・対立仮説 $H_1 : m \neq 100$(g) とする。

(i) 有意水準 $\alpha = 0.05 (= 5\%)$ のとき，

標準正規分布 $N(0,\ 1)$ による棄却域 R は，右図に示すように，$Z \leqq -1.96$ または $1.96 \leqq Z$ となる。

正規分布 $N(m,\ \underbrace{2.56}_{\sigma^2})$ に従う母集団から，

$n = 64$ 個の標本を抽出して，その平均を $\overline{X}$ とおくと，$\overline{X}$ は正規分布 $N\left(m,\ \dfrac{2.56}{64}\right)$，………(答)(アイ)

すなわち，$N\left(m,\ \left(\dfrac{1}{5}\right)^2\right)$ に従う。

よって，$\overline{X}$ の標準化変数(検定統計量) Z の実現値は，

$$Z = \frac{\overline{X} - m}{\sqrt{\dfrac{2.56}{64}}} = \frac{\overline{X} - 100}{\sqrt{\dfrac{2.56}{64}}} = \frac{99.64 - 100}{\dfrac{1}{5}} \quad \cdots\cdots(\text{答})(\text{ウエオ})$$

$= 5 \times (-0.36) = -1.8$ ……① ………(答)(カ，キ)

となって，①の -1.8 は，右図に示すように，棄却域 R に入らない。よって，仮説 H_0 は棄却されない。

$\therefore$ ① (答)(ク)，③ (答)(ケ)

ココがポイント

⇦ $m \neq 100$ より，両側検定

⇦ 有意水準 $\alpha = 0.05 (= 5\%)$

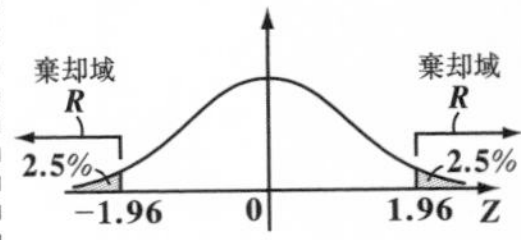

⇦ $\dfrac{\sigma^2}{n} = \dfrac{2.56}{64} = \dfrac{1.6^2}{2^6} = \left(\dfrac{1.6}{2^3}\right)^2 = \left(\dfrac{1.6}{8}\right)^2 = \left(\dfrac{1}{5}\right)^2$

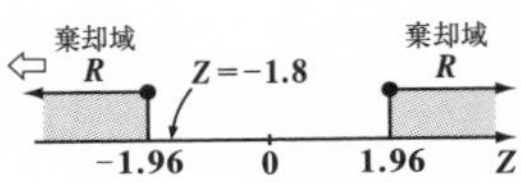

(ii) 有意水準 $\alpha = 0.01\,(=1\%)$ のとき，

標準正規分布 $N(0,\ 1)$ による棄却域 R は，右図に示すように，$Z \leqq -2.58$ または $2.58 \leqq Z$ となる。

$n = 64$ 個の標本平均 $\overline{X}$ の標準化変数（検定統計量）Z の実現値は，(i) のときと同様に，

$Z = -1.8$ ……① となる。

よって，①の $Z = -1.8$ は，右図に示すように，棄却域 R に入らない。よって，仮説 H_0 は棄却されない。

∴① (答)(コ)，③ (答)(サ)

⇦ 有意水準 $\alpha = 0.01\,(=1\%)$

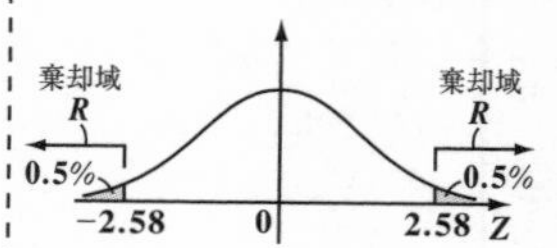

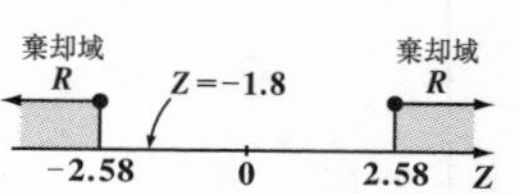

どう？これで，検定の問題もそれ程難しくないことが分かったでしょう。でも，この検定には，実は (i) 両側検定と (ii) 片側検定の 2 種類があり，これまでの解答＆解説は，(i) 両側検定によるものだったんだね。次に，参考で，(ii) 片側検定についても解説しておこう。

参考

今回の問題での仮説 $H_0 : m = 100\,(\mathrm{g})$ に対して，ボク達消費者は，$m = 100\,(\mathrm{g})$ より，平均の内容量 m は小さいんじゃないか？と疑っているんだよね。もし $m > 100\,(\mathrm{g})$ であれば問題ない，と言うより，ありがたいことになるからだ。

したがって，「仮説 $H_0 : m = 100\,(\mathrm{g})$」に対して，
「対立仮説 $H_1 : m < 100\,(\mathrm{g})$」として，(i) 有意水準 0.05 と (ii) 有意水準 0.01 で検定，つまり片側検定してみることにしよう。

(i) 有意水準 $\alpha = 0.05\,(=5\%)$ のとき，

右に示すように，棄却域 R は，$Z \leqq -1.64$ となる。

また，$\overline{X}$ の標準化変数（検定統計量）Z の実現値は，同様に $Z = -1.8$ となるので，この場合，これは棄却域 $R\,(Z \leqq -1.64)$ に入ることになる。よって，仮説 H_0 は棄却されることになる。

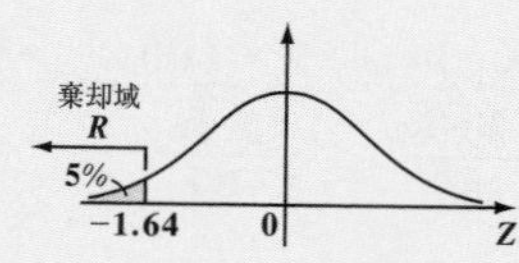

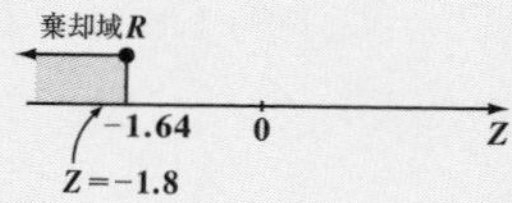

(ii) 有意水準 $\alpha = 0.01\,(=1\%)$ のとき，右に示すように，棄却域 R は，$Z \leqq -2.33$ となる。
また，$\overline{X}$ の標準化変数（検定統計量）Z の実現値は，同様に $Z = -1.8$ となるので，この場合，これは棄却域 $R\,(Z \leqq -2.33)$ には入らない。よって，仮説 H_0 は棄却されないことになるんだね。大丈夫？

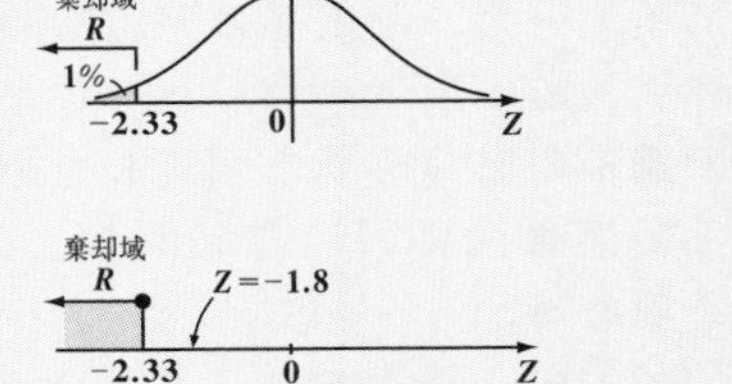

これで，片側検定のやり方もマスターできたでしょう。ただし，片側検定で，(i) 有意水準 $\alpha = 0.05\,(=5\%)$ のときの棄却域 $R\,(Z \leqq -1.64)$ と (ii) 有意水準 $\alpha = 0.01\,(=1\%)$ ののときの棄却域 $R\,(Z \leqq -2.33)$ で出てくる数値 **1.64** と **2.33** の覚え方についても言っておこう。これは，

「“色白（いろしろ）”ろにも“日（にち）サンサン”」　と覚えておくと忘れないはずだ。
1.64　　**2 . 3　3**

両側検定のときの数値

「“イー黒（くろ）”に“日光焼（にっこうや）け”」　と一緒に覚えておくといい。
1 . 96　　**2.5 8**

ただし，有意水準 $\alpha = 0.05\,(=5\%)$ や $\alpha = 0.01\,(=1\%)$ は，これまで慣例としてよく用いられてきたというだけで，問題によっては，$\alpha = 0.03$ とか $\alpha = 0.04$ として問うてくることもあり得るんだね。もちろんその場合の棄却域 R の範囲は，標準正規分布表から自分で見つければいいだけだから，落ち着いて数表を利用してくれたらいいんだね。

さらに，今回解説した片側検定についてだけれど，缶詰の内容量は，表示されているものよりも小さいかも知れないということで左側検定になったわけなんだね。これに対して，ある携帯のフル充電までにかかる時間は，表示されたものより大きい（長い）かも知れないと疑わしいので，この場合，片側検定を行うときは，右側検定になるんだね。このような検定の問題についても，次の問題で練習しておこう。

演習問題 70　制限時間9分　難易度☆☆　CHECK1　CHECK2　CHECK3

あるメーカーの携帯の充電時間が **90** 分と表示してあった。ある消費者団体が，この表示に偽りがないかを調べるために，無作為に抽出した **25** 個の携帯の充電時間を測定した結果，平均の充電時間が **90.72** 分であった。この携帯全体の充電時間は，正規分布 $N(m,\ 2.25)$ に従うものとする。このとき，
「仮説 H_0：携帯全体の平均の充電時間は $m=90$ 分である。」を
「対立仮説 H_1：$m\neq 90$ 分」として，

(i) 有意水準 $\alpha=0.05$ で検定すると，
正規分布 $N(m,\ 2.25)$ に従う母集団 (全携帯の充電時間のデータ)
から，$n=25$ 個の標本 $X_1,\ X_2,\ \cdots,\ X_{25}$ を抽出したとき，標本平均
$\overline{X}=\frac{1}{25}\sum_{k=1}^{25}X_k$ は，正規分布 $N\left(m,\ \frac{2.25}{\boxed{アイ}}\right)$ に従う。
よって，この $\overline{X}$ の標準化変数 Z を検定統計量とおくと，この実現値は，

$$Z=\frac{\overline{X}-\boxed{ウエ}}{\sqrt{\frac{2.25}{\boxed{アイ}}}}=\boxed{オ}.\boxed{カ}\ \cdots\cdots①$$ となる。

$\alpha=0.05\,(=5\%)$ の棄却域 R は，$Z\leqq -1.96$ または $1.96\leqq Z$ より，
①は，この棄却域 R に $\boxed{キ}$。よって，仮説 H_0 は $\boxed{ク}$。

(ii) 有意水準 $\alpha=0.01$ で検定すると，
同様に，$\overline{X}$ は，正規分布 $N\left(m,\ \frac{2.25}{\boxed{アイ}}\right)$ に従うので，この標準化変数
Z を検定統計量とすると，この実現値は，$Z=\boxed{オ}.\boxed{カ}\ \cdots\cdots①$ となる。
$\alpha=0.01\,(=1\%)$ の棄却域 R は，$Z\leqq -2.58$ または $2.58\leqq Z$ より，
①は，この棄却域 R に $\boxed{ケ}$。よって，仮説 H_0 は $\boxed{コ}$。

ただし，$\boxed{キ}$ ～ $\boxed{コ}$ は，次の⓪～⑤から選べ。
⓪入る　①入らない　②どちらとも言えない
③棄却されない　④採用される　⑤棄却される

ヒント！ $\overline{X}$ の標準化変数(検定統計量) Z の実現値 $Z=t$ を求めて，t が，(i) $\alpha=0.05$ と (ii) $\alpha=0.01$ のときのそれぞれの棄却域 R に入るか，否かを調べるだけだね。そして，R に入れば，仮説 H_0 は棄却され，そうでなければ棄却されないということだね。

解答＆解説

ココがポイント

携帯全体の充電時間（母集団）の母平均を m とおくと，

・仮説 H_0 ：$m=90$ 分であり，

・対立仮説 H_1 ：$m \neq 90$ 分とする。

(i) 有意水準 $\alpha=0.05\,(=5\%)$ のとき，

標準正規分布 $N(0,\ 1)$ による棄却域 R は，右図に示すように，$Z \leqq -1.96$ または $1.96 \leqq Z$ となる。

⇦ 有意水準 $\alpha=0.05\,(=5\%)$

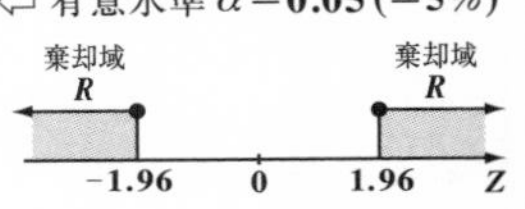

正規分布 $N(m,\ \underbrace{2.25}_{\sigma^2})$ に従う母集団から，

$n=25$ 個の標本を抽出して，その平均を $\overline{X}$ とおくと，$\overline{X}$ は正規分布 $N\left(m,\ \dfrac{2.25}{25}\right)$，………（答）（アイ）

⇦ $\dfrac{\sigma^2}{n}=\dfrac{2.25}{25}=\dfrac{1.5^2}{5^2}=\left(\dfrac{1.5}{5}\right)^2=\left(\dfrac{3}{10}\right)^2$

すなわち，$N\left(m,\ \left(\dfrac{3}{10}\right)^2\right)$ に従う。

よって，$\overline{X}$ の標準化変数（検定統計量）Z の実現値は，

$$Z=\frac{\overline{X}-m}{\sqrt{\dfrac{2.25}{25}}}=\frac{\overline{X}-90}{\sqrt{\left(\dfrac{3}{10}\right)^2}}=\frac{90.72-90}{\dfrac{3}{10}}=\frac{10}{3}\times 0.72 \quad \cdots\cdots（答）（ウエ）$$

$$=\frac{7.2}{3}=2.4 \quad \cdots\cdots ① \quad \cdots\cdots\cdots\cdots\cdots\cdots\cdots（答）（オ，カ）$$

となって，①の 2.4 は，右図に示すように，棄却域 R に入る。よって，仮説 H_0 は棄却される。

⇦

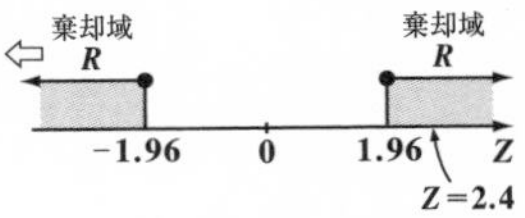

∴ ⓪ （答）（キ），⑤ （答）（ク）

(ii) 有意水準 $\alpha=0.01\,(=1\%)$ のとき，

標準正規分布 $N(0,\ 1)$ による棄却域 R は，右図に示すように，$Z \leqq -2.58$ または $2.58 \leqq Z$ となる。

$n=25$ 個の標本平均 $\overline{X}$ の検定統計量の実現値 Z は，(i)のときと同様に，$Z=2.4$ ……① となる。

よって，この $Z=2.4$ は，右図に示すように，この棄却域 R には入らないので，仮説 H_0 は棄却されない。

⇦ 有意水準 $\alpha=0.01\,(=1\%)$

棄却域 R　　$Z=2.4$　　棄却域 R

−2.58　　0　　2.58　　Z

∴① (答)(ケ)，③ (答)(コ)

慣れると，検定の問題は非常に解きやすいと思う。でも検定には，このような両側検定だけでなく，片側検定もあり，この解法についても慣れておく必要があるんだね。今回は，この片側検定の中でも特に右側検定になる。これは対立仮説 H_1 の立て方に依存していることにも注意しよう。

参考

今回の問題での仮説 H_0：$m=90$ 分に対して，ボク達消費者は，$m=90$ 分より，平均の充電時間 m は大きい(長い)んじゃないか？と疑っているんだよね。もし $m<90$ 分であれば問題ない，と言うより，ありがたいことになるからだ。

したがって，「仮説 H_0：$m=90$ 分」に対して，「対立仮説 H_1：$m>90$ 分」として，(i)有意水準 0.05 と(ii)有意水準 0.01 で検定，つまり片側検定してみることにしよう。

(i)有意水準 $\alpha=0.05(=5\%)$ のとき，右に示すように，棄却域 R は，$Z\geqq1.64$ となる。また，$\overline{X}$ の標準化変数(検定統計量)Z の実現値は，同様に $Z=2.4$ となるので，この場合，これは棄却域 $R(Z\geqq1.64)$ に入ることになる。よって，仮説 H_0 は棄却されることになる。

(ii)有意水準 $\alpha=0.01(=1\%)$ のとき，右に示すように，棄却域 R は，$Z\geqq2.33$ となる。また，$\overline{X}$ の標準化変数(検定統計量)Z の実現値は，同様に $Z=2.4$ となるので，この場合，これは棄却域 $R(Z\geqq2.33)$ に入る。よって，仮説 H_0 は棄却されることになるんだね。大丈夫？

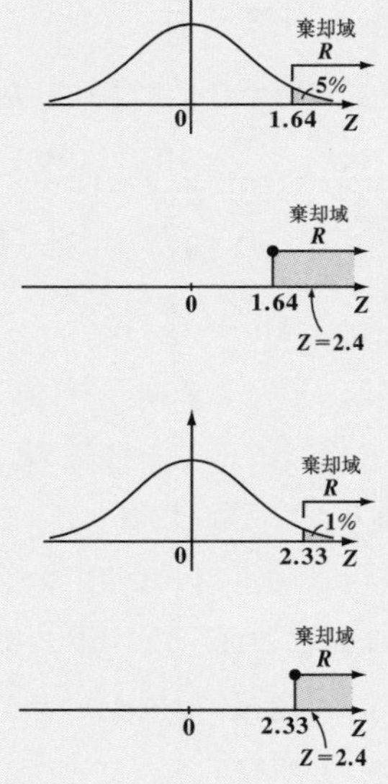

どう？演習問題**69**と**70**から，

「仮説 H_0：$m = m_0$」を検定するとき，

・「対立仮説 H_1：$m \neq m_0$」の場合は，“**両側検定**”となり，

・「対立仮説 H_1：$m < m_0$」の場合は，“**左側検定**”となり，そして，

・「対立仮説 H_1：$m > m_0$」の場合は，“**右側検定**”となる，ことが，

明解に理解できたでしょう。

これで，“確率分布と統計的推測”についての講義は終了です。後は，繰り返し制限時間内で解く練習を行えば，共通テストでも合格点が取れると思う。みんな，頑張って練習しよう！

講義8 ● 確率分布と統計的推測　公式エッセンス

1．期待値 $E(X)=m$，分散 $V(X)=\sigma^2$，標準偏差 $D(X)=\sigma$

(1) $E(X)=\sum_{k=1}^{n}x_kp_k$　(2) $V(X)=\sum_{k=1}^{n}(x_k-m)^2p_k=E(X^2)-E(X)^2$

(3) $D(X)=\sqrt{V(X)}$

2．新たな確率変数 $Y=aX+b$ の期待値，分散，標準偏差

(1) $E(Y)=aE(X)+b$　(2) $V(Y)=a^2V(X)$　(3) $D(Y)=|a|D(X)$

3．$E(X+Y)=E(X)+E(Y)$

4．独立な確率変数 X と Y の積の期待値と，和の分散

(1) $E(XY)=E(X)E(Y)$　(2) $V(X+Y)=V(X)+V(Y)$

5．二項分布の期待値，分散，標準偏差

(1) $E(X)=np$　(2) $V(X)=npq$　(3) $D(X)=\sqrt{npq}$　$(q=1-p)$

6．確率密度 $f(x)$ に従う連続型確率変数 X の期待値，分散

(1) $E(X)=\int_{-\infty}^{\infty}xf(x)dx$　(2) $V(X)=\int_{-\infty}^{\infty}(x-m)^2f(x)dx$

$=E(X^2)-E(X)^2$

7．標本平均 $\overline{X}$ の期待値 $m(\overline{X})$，分散 $\sigma^2(\overline{X})$，標準偏差 $\sigma(\overline{X})$

(1) $m(\overline{X})=m$　(2) $\sigma^2(\overline{X})=\frac{\sigma^2}{n}$　(3) $\sigma(\overline{X})=\frac{\sigma}{\sqrt{n}}$　(m：母平均，σ^2：母分散)

8．母平均 m の (ⅰ) 95% 信頼区間，(ⅱ) 99% 信頼区間

(ⅰ) $\overline{X}-1.96\frac{S}{\sqrt{n}}\leqq m\leqq\overline{X}+1.96\frac{S}{\sqrt{n}}$

(ⅱ) $\overline{X}-2.58\frac{S}{\sqrt{n}}\leqq m\leqq\overline{X}+2.58\frac{S}{\sqrt{n}}$

9．仮説 H_0：$m=m_0$ の検定

n 個の標本の標本平均 $\overline{X}$ の標準化変数 Z の実現値 $Z=t$ を求め，これが有意水準 α によって決まる棄却域 R に入るか，入らないかで，仮説を棄却するか，しないかを決める。

複素数平面

複素数と複素数平面の図形的意味を押さえよう!

- ▶複素数と共役複素数・絶対値
- ▶実数条件と純虚数条件
- ▶複素数の極形式と積・商
- ▶アポロニウスの円
- ▶回転と相似の合成変換

講義9 複素数平面（数学C）

では，これから，“**複素数平面**”の講義を始めよう。これは，新課程に変わって，数学**II**・**B**・**C**の新たな選択科目に入ったテーマなので，受験生のみなさんにとっては，さらに負担が増えたことになるんだね。だからこそ，このテーマを選択しようと思っている人は，効率よく学習していく必要があるんだね。そのためには，マセマの本で学習するのが一番だと思っている。これから，この“**複素数平面**”についても，分かりやすく，短期間でマスターできるようにベストを尽くして，解説していくつもりだ。

複素数平面では，複素数同士のたし算や引き算については，“**ベクトル**”と同様の性質をもっているんだけれど，複素数同士のかけ算や割り算になると，今度は複素数平面上での“回転や相似の合成変換”という面白い性質が現われるんだね。だから，数学のテーマとして面白い分野でもあるので，楽しみながら学んでいこう。

それでは，“**複素数平面**”で頻出のテーマについて，まず下に示しておこう。

- 複素数の計算（共役複素数，絶対値）
- 複素数の実数条件と純虚数条件
- 複素数の極形式と高次方程式
- 複素数と分点公式
- 複素数平面と図形（アポロニウスの円，回転と相似の合成変換）

ン？かなり難しそうだから，引きそうだって？そうだね。複素数も図形的な意味にまで入っていくと，様々な性質が出てくるからね。でも，これらも実際に演習問題を解きながら学んでいくと，自然と頭に入ってくるので，それ程心配は要らないと思う。

マセマでは，受験生のみなさんにとって役に立つ良問ばかりを，疑問の余地がない位詳しく，分かりやすく，丁寧に解説していくので，すべてマスターできるはずだ。

それでは，みんな準備はいい？では，早速講義を始めよう！

● 複素数の計算は正確に迅速に行おう！

　ではまず，次の複素数の計算にチャレンジしよう。計算はまず正確に，そして迅速に行うことがポイントなんだね。

演習問題 71	制限時間 5 分	難易度 ☆	CHECK 1	CHECK 2	CHECK 3

次の各計算の結果を求めよ。（ただし，i は虚数単位を表す。また，$\overline{z}$ と $\overline{w}$ は z と w の共役複素数を表す。）

(1) $\dfrac{2}{1-\dfrac{1}{1-\dfrac{1}{1+i}}}=$ アイ i である。

(2) $z=1+\sqrt{2}+i$，$w=1-\sqrt{2}+i$ のとき，

$\dfrac{1}{z}+\dfrac{1}{\overline{z}}+\dfrac{1}{w}+\dfrac{1}{\overline{w}}=$ ウ である。

(3) $z=1+\sqrt{2}+2i$，$w=1-\sqrt{2}+2i$ のとき，

$\dfrac{1}{z}-\dfrac{1}{\overline{z}}+\dfrac{1}{w}-\dfrac{1}{\overline{w}}=-\dfrac{\text{エオ}}{\text{カキ}}i$ である。

ヒント！ (1)は，繁分数（はんぶんすう）の計算の問題だね。(2)，(3)では，$z=a+bi$ （a，b：実数）の共役複素数 $\overline{z}$ は $\overline{z}=a-bi$ であることを用いて解けばいいんだね。また，$i^2=-1$ も利用する。

解答＆解説

ココがポイント

(1) $\dfrac{2}{1-\dfrac{1}{1-\dfrac{1}{1+i}}}=\dfrac{2}{1-\dfrac{1}{\dfrac{i}{1+i}}}$

$\left(1-\dfrac{1}{1+i}=\dfrac{1+i-1}{1+i}=\dfrac{i}{1+i}\right)$　（上へ）

⇦ 繁分数の計算

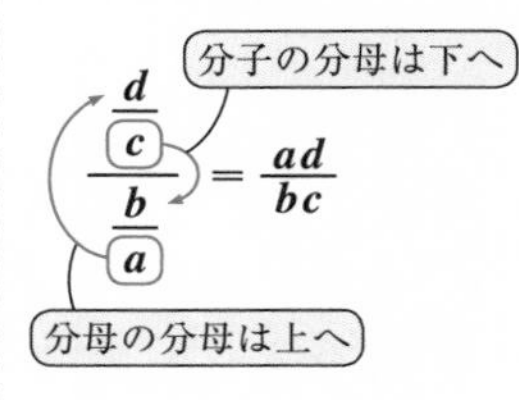

$=\dfrac{2}{1-\dfrac{1+i}{i}}=\dfrac{2}{-\dfrac{1}{i}}=\dfrac{2i}{-1}=-2i$ ……(答)（アイ）

$\left(1-\dfrac{1+i}{i}=\dfrac{i-(1+i)}{i}=-\dfrac{1}{i}\right)$　（上へ）

(2) $z=1+\sqrt{2}+i$, $w=1-\sqrt{2}+i$ のとき，

（$1+\sqrt{2}$：実部，$i=1\cdot i$：虚部）（$1-\sqrt{2}$：実部，$i=1\cdot i$：虚部）

$\overline{z}=1+\sqrt{2}-i$, $\overline{w}=1-\sqrt{2}-i$ より，求める式の値は，

$$\frac{1}{z}+\frac{1}{\overline{z}}+\frac{1}{w}+\frac{1}{\overline{w}}=\frac{\overline{z}+z}{z\overline{z}}+\frac{\overline{w}+w}{w\overline{w}}$$

（$\frac{1}{z}+\frac{1}{\overline{z}}=\frac{\overline{z}+z}{z\cdot\overline{z}}$，$\frac{1}{w}+\frac{1}{\overline{w}}=\frac{\overline{w}+w}{w\cdot\overline{w}}$）

$$=\frac{2(1+\sqrt{2})}{2(2+\sqrt{2})}+\frac{2(1-\sqrt{2})}{2(2-\sqrt{2})}$$

$$=\frac{(1+\sqrt{2})(2-\sqrt{2})+(1-\sqrt{2})(2+\sqrt{2})}{(2+\sqrt{2})(2-\sqrt{2})}$$

（分子 $=2-\sqrt{2}+2\sqrt{2}-2+2+\sqrt{2}-2\sqrt{2}-2$）

$$=\frac{0}{4-2}=0$$ ……………………………(答)(ウ)

(3) $z=1+\sqrt{2}+2i$, $w=1-\sqrt{2}+2i$ のとき，

$\overline{z}=1+\sqrt{2}-2i$, $\overline{w}=1-\sqrt{2}-2i$ より，求める式の値は，

$$\frac{1}{z}-\frac{1}{\overline{z}}+\frac{1}{w}-\frac{1}{\overline{w}}=\frac{\overline{z}-z}{z\overline{z}}+\frac{\overline{w}-w}{w\overline{w}}$$

$$=\frac{-4i}{7+2\sqrt{2}}+\frac{-4i}{7-2\sqrt{2}}$$

$$=-4i\times\frac{7-2\sqrt{2}+7+2\sqrt{2}}{(7+2\sqrt{2})(7-2\sqrt{2})}$$

$$=\frac{-4i\times14}{49-8}=-\frac{56}{41}i$$ …………(答)(エオ，カキ)

⇦ $z=a+bi$ $(a,\ b$：実数$)$（a：実部，b：虚部）のとき，$\overline{z}=a-bi$

$z\cdot\overline{z}=|z|^2=a^2-b^2\cdot i^2$
$=a^2+b^2$

⇦ $z\cdot\overline{z}=(1+\sqrt{2}+i)(1+\sqrt{2}-i)$
$=(1+\sqrt{2})^2-i^2$（$-i^2=+1$）
$=1+2\sqrt{2}+2+1$
$=4+2\sqrt{2}$

$w\cdot\overline{w}=(1-\sqrt{2})^2-i^2$（$-i^2=+1$）
$=1-2\sqrt{2}+2+1$
$=4-2\sqrt{2}$

・$\overline{z}+z=1+\sqrt{2}-i+1+\sqrt{2}+i$
$=2(1+\sqrt{2})$

・$\overline{w}+w=1-\sqrt{2}-i+1-\sqrt{2}+i$
$=2(1-\sqrt{2})$

⇦ $z\cdot\overline{z}=(1+\sqrt{2})^2+2^2$
$=7+2\sqrt{2}$

$w\cdot\overline{w}=(1-\sqrt{2})^2+2^2$
$=7-2\sqrt{2}$

・$\overline{z}-z=-4i$

・$\overline{w}-w=-4i$

どう？ 複素数の分数式の問題だったけれど，制限時間内に解けた？ 時間内に解けた人も，解けなかった人も，反復練習して，迅速に正確に結果が出せるように頑張ってくれ。

では，複素数の計算の応用問題にもチャレンジしてみよう。

演習問題 72	制限時間７分	難易度	CHECK 1	CHECK 2	CHECK 3

次の各計算の結果を求めよ。(ただし，i は虚数単位を表す。また，$\overline{z}$ と $\overline{w}$ は z と w の共役複素数を表す。)

(1)(ⅰ) $z=i$ のとき，$z+\dfrac{1}{z}=$ ア である。

(ⅱ) $z=1+i$ のとき，$z+\dfrac{1}{z}=\dfrac{イ}{ウ}+\dfrac{エ}{オ}i$ である。

(2) 3 つの複素数 α，β，γ について，

$|\alpha|=|\beta|=|\gamma|=1$ のとき，

(ⅰ) $|\alpha+\beta+\gamma|=2$ のとき，

$\left|\dfrac{1}{\alpha}+\dfrac{1}{\beta}+\dfrac{1}{\gamma}\right|=$ カ であり，

$|\alpha\beta+\beta\gamma+\gamma\alpha|=$ キ である。

(ⅱ) $|\alpha+\beta+\gamma|=0$ のとき，

$|\alpha-1|^2+|\beta-1|^2+|\gamma-1|^2=$ ク である。

ヒント！ (1) は，特に問題なく解けると思う。(2) では，$|\alpha|=1$ より $|\alpha|^2=1$，$\alpha\overline{\alpha}=1$，よって，$\alpha=\dfrac{1}{\overline{\alpha}}$ となる。同様に $\beta=\dfrac{1}{\overline{\beta}}$，$\gamma=\dfrac{1}{\overline{\gamma}}$ となるんだね。

解答＆解説

(1)(ⅰ) $z=i$ のとき，（1 は $-(-1)=-i^2$）

$$z+\frac{1}{z}=i+\frac{1}{i}=i-\frac{i^2}{i}=i-i=0 \quad \cdots(答)(ア)$$

(ⅱ) $z=1+i$ のとき，

$$z+\frac{1}{z}=1+i+\frac{1}{1+i}=1+i+\frac{1-i}{2}$$

$$=1+\frac{1}{2}+i-\frac{1}{2}i=\frac{3}{2}+\frac{1}{2}i \quad \cdots\cdots\cdots(答)$$

(イ，ウ，エ，オ)

ココがポイント

⇦ $\dfrac{1}{1+i}=\dfrac{1-i}{(1+i)(1-i)}$（分子・分母に $1-i$ をかけた）

$\dfrac{1-i}{1-i^2}=\dfrac{1-i}{2}$

(2) **3**つの複素数 α, β, γ について,

$|\alpha|=1$ かつ $|\beta|=1$ かつ $|\gamma|=1$ より,

$|\alpha|^2=1$, $\alpha\overline{\alpha}=1$, ここで, $\overline{\alpha}\neq 0$ より,

$\alpha=\dfrac{1}{\overline{\alpha}}$ ……① となる。同様に,

$\beta=\dfrac{1}{\overline{\beta}}$ ……②, $\gamma=\dfrac{1}{\overline{\gamma}}$ ……③ となる。

⇦ $\overline{\alpha}=0$ と仮定すると, $\alpha=0$ $\therefore |\alpha|=0$ となって, $|\alpha|=1$ と矛盾する。

(i) ここで, $|\alpha+\beta+\gamma|=2$ ……④ のとき,

④に①, ②, ③を代入すると,

$$2=|\alpha+\beta+\gamma|=\left|\frac{1}{\overline{\alpha}}+\frac{1}{\overline{\beta}}+\frac{1}{\overline{\gamma}}\right|$$

$$=\left|\overline{\left(\frac{1}{\alpha}\right)}+\overline{\left(\frac{1}{\beta}\right)}+\overline{\left(\frac{1}{\gamma}\right)}\right|$$

公式: $\overline{\alpha+\beta}=\overline{\alpha}+\overline{\beta}$

$$=\left|\overline{\frac{1}{\alpha}+\frac{1}{\beta}+\frac{1}{\gamma}}\right|$$

公式: $|\overline{\alpha}|=|\alpha|$

$$=\left|\frac{1}{\alpha}+\frac{1}{\beta}+\frac{1}{\gamma}\right|$$

⇦ $\dfrac{1}{\overline{\alpha}}=\dfrac{\overline{1}}{\overline{\alpha}}=\overline{\left(\dfrac{1}{\alpha}\right)}$ $\left(\because \overline{\left(\dfrac{\beta}{\alpha}\right)}=\dfrac{\overline{\beta}}{\overline{\alpha}}\right)$

同様に,

$\dfrac{1}{\overline{\beta}}=\overline{\left(\dfrac{1}{\beta}\right)}$, $\dfrac{1}{\overline{\gamma}}=\overline{\left(\dfrac{1}{\gamma}\right)}$

以上より,

$$\left|\frac{1}{\alpha}+\frac{1}{\beta}+\frac{1}{\gamma}\right|=2 \quad \cdots\cdots⑤$$ ……………(答)(カ)

次に, ⑤より,

$$2=\left|\frac{1}{\alpha}+\frac{1}{\beta}+\frac{1}{\gamma}\right|=\left|\frac{\beta\gamma+\gamma\alpha+\alpha\beta}{\alpha\beta\gamma}\right|$$

$$=\frac{|\alpha\beta+\beta\gamma+\gamma\alpha|}{|\alpha\beta\gamma|}=\frac{|\alpha\beta+\beta\gamma+\gamma\alpha|}{|\alpha|\cdot|\beta|\cdot|\gamma|}$$

⇦ 公式: $|\alpha\cdot\beta|=|\alpha|\cdot|\beta|$

$$=\frac{|\alpha\beta+\beta\gamma+\gamma\alpha|}{1\cdot1\cdot1} \quad (\because |\alpha|=|\beta|=|\gamma|=1)$$

$$=|\alpha\beta+\beta\gamma+\gamma\alpha|$$

$\therefore |\alpha\beta+\beta\gamma+\gamma\alpha|=2$ である。………(答)(キ)

(ii) $|\alpha+\beta+\gamma|=0$ ……⑥ のとき，

$$\begin{cases}\alpha+\beta+\gamma=0 & \cdots\cdots ⑥' \\ \overline{\alpha+\beta+\gamma}=0 & \cdots\cdots ⑥''\end{cases}$$ となる。ここで，

$|\alpha-1|^2+|\beta-1|^2+|\gamma-1|^2$

$=(\alpha-1)(\overline{\alpha}-1)+(\beta-1)(\overline{\beta}-1)+(\gamma-1)(\overline{\gamma}-1)$

$=\alpha\overline{\alpha}-\alpha-\overline{\alpha}+1+\beta\overline{\beta}-\beta-\overline{\beta}+1+\gamma\overline{\gamma}-\gamma-\overline{\gamma}+1$

（$\alpha\overline{\alpha}=|\alpha|^2=1^2=1$，$\beta\overline{\beta}=|\beta|^2=1$，$\gamma\overline{\gamma}=|\gamma|^2=1$）

$=6-(\alpha+\beta+\gamma)-(\overline{\alpha}+\overline{\beta}+\overline{\gamma})$

（$\alpha+\beta+\gamma=0$ (⑥′より)，$\overline{\alpha}+\overline{\beta}+\overline{\gamma}=\overline{\alpha+\beta+\gamma}=0$ (⑥″より)）

$=6-0-0=6$ となる。(⑥′, ⑥″より)

………(答)(ク)

⇦ $|\alpha|=0$ のとき，
$\alpha=0$，かつ $\overline{\alpha}=0$
となる。
($\because$ $\alpha\neq0$ ならば $|\alpha|\neq0$
$\overline{\alpha}\neq0$ ならば $|\overline{\alpha}|=|\alpha|\neq0$)

⇦ $|\alpha-1|^2=(\alpha-1)(\overline{\alpha-1})$
$=(\alpha-1)(\overline{\alpha}-\overline{1})$
$=(\alpha-1)(\overline{\alpha}-1)$
同様に，
$|\beta-1|^2=(\beta-1)(\overline{\beta}-1)$
$|\gamma-1|^2=(\gamma-1)(\overline{\gamma}-1)$

少し骨のある問題だったと思うけれど，複素数の計算で重要な要素がたく山入っている良問なので，繰り返し反復練習することにより，かなり実力アップがはかれると思う。

制限時間内で解けるように，何度でもチャレンジしてみよう！

● 複素数の実数条件と純虚数条件も押さえよう！

複素数αが(i)実数のとき，$\alpha=\overline{\alpha}$(実数条件)であり，(ii)純虚数のとき，$\alpha+\overline{\alpha}=0$ かつ $\alpha\neq 0$(純虚数条件)となる。今回はこの実数条件と純虚数条件の問題を解いてみよう。

演習問題 73	制限時間 8 分	難易度 ★★	CHECK1	CHECK2	CHECK3

次の問いの ア ～ オ について，最も適切なものを下の⓪～⑪から選べ。

(1) 複素数zについて，$z+\frac{1}{z}$が実数であるとき，

ア $=1$ または，$z=$ イ （ただし， ウ $\neq 0$）である。

(2) 複素数zについて，$z+\frac{1}{z}$が純虚数であるとき，

$z+$ エ $=0$ （ただし，$z\neq 0$， オ ）である。

⓪ z　① $\overline{z}$　② $-z$　③ $|z|$　④ $\frac{1}{z}$　⑤ $\frac{1}{\overline{z}}$

⑥ ± 1　⑦ ± 2　⑧ $\pm i$　⑨ $\pm 2i$　⑩ $\pm\frac{1}{2}$　⑪ $\pm\frac{i}{2}$

Babaのレクチャー

複素数$\alpha=a+bi$ (a, b：実数，i：虚数単位)について，

(i) αが実数となる条件は，$\alpha=\overline{\alpha}$である。なぜなら，

$\cancel{a}+bi=\cancel{a}-bi$　　$2bi=0$ より，$b=0$　　$\therefore \alpha=a$(実数)

(ii) αが純虚数となる条件は，$\alpha+\overline{\alpha}=0$ かつ $\alpha\neq 0$ である。なぜなら，

$a+\cancel{bi}+a-\cancel{bi}=0$　　$2a=0$ より，$a=0$　　$\therefore \alpha=bi$ となる。

ただし，$b=0$ のとき，$\alpha=0$(実数)となるので，これを除いて，

$\alpha+\overline{\alpha}=0$ かつ $\alpha\neq 0$ がαが純虚数となる条件になるんだね。

次に，複素数zが中心α，半径r(正の実数)の円を表す方程式は，

$|z-\alpha|=r$ ……① である。

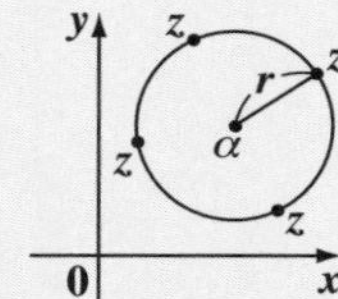

αとzの間の距離が常に正の定数rより，zは，αを中心とする半径rの円を描く。

①の両辺を2乗して,

$|z-\alpha|^2=r^2$ より,

$(z-\alpha)(\overline{z-\alpha})=(z-\alpha)(\overline{z}-\overline{\alpha})=z\overline{z}-\overline{\alpha}z-\alpha\overline{z}+\underbrace{\alpha\overline{\alpha}}_{|\alpha|^2}$

$z\overline{z}-\overline{\alpha}z-\alpha\overline{z}+\underbrace{p}_{|\alpha|^2-r^2\text{(実数)}}=0$ ……② となる。

問題を解く場合は,逆に②を変形して,①の円の方程式 $|z-\alpha|=r$ にもち込めればいいんだね。

(ex) $z\overline{z}-\underbrace{(1-i)}_{\overline{\alpha}}z-\underbrace{(1+i)}_{\alpha}\overline{z}-2=0$ を変形して,

$z\{\overline{z}-(1-i)\}-(1+i)\{\overline{z}-(1-i)\}-2-\underbrace{(1+i)(1-i)}_{1^2-i^2=1+1=2}=0$

$\{z-(1+i)\}\{\overline{z}-(1-i)\}=4$

$\{z-(1+i)\}\{\overline{z-(1+i)}\}=4$　　$|z-(1+i)|^2=4$

$\therefore |z-(1+i)|=2$ ← 中心 $1+i$,半径2の円

解答&解説

ココがポイント

(1) 複素数 z について,$z+\dfrac{1}{z}$ $(z\neq0)$ が実数より,

$z+\dfrac{1}{z}=\overline{z+\dfrac{1}{z}}$　　$z+\dfrac{1}{z}=\overline{z}+\dfrac{1}{\overline{z}}$ ……①

$\overline{z+\dfrac{1}{z}}=\overline{z}+\overline{\left(\dfrac{1}{z}\right)}=\overline{z}+\dfrac{\overline{1}}{\overline{z}}=\overline{z}+\dfrac{1}{\overline{z}}$

⇦ α の実数条件 $\alpha=\overline{\alpha}$

①の両辺に $z\overline{z}$ をかけて,

$z^2\cdot\overline{z}+\overline{z}=z\cdot\overline{z}^2+z$　　$\underbrace{z^2\cdot\overline{z}-z\cdot\overline{z}^2}_{z\cdot\overline{z}(z-\overline{z})}-(z-\overline{z})=0$

$z\overline{z}(z-\overline{z})-(z-\overline{z})=0$　　$(\underbrace{z\overline{z}}_{|z|^2}-1)\cdot(z-\overline{z})=0$

$(|z|^2-1)\cdot(z-\overline{z})=0$

$\therefore |z|^2=1$ または $z=\overline{z}$

$|z|^2=1$ → $|z|=1$ → $|z-0|=1$ より,中心0,半径1の円

$z=\overline{z}$ → z は実数

⇦ $|z|>0$ より,$|z|^2=1$ から $|z|=1$

以上より，

$|z|=1$ または $z=\overline{z}$ (ただし，$z\neq 0$)

∴③ (答)(ア)，① (答)(イ)，⓪ (答)(ウ)

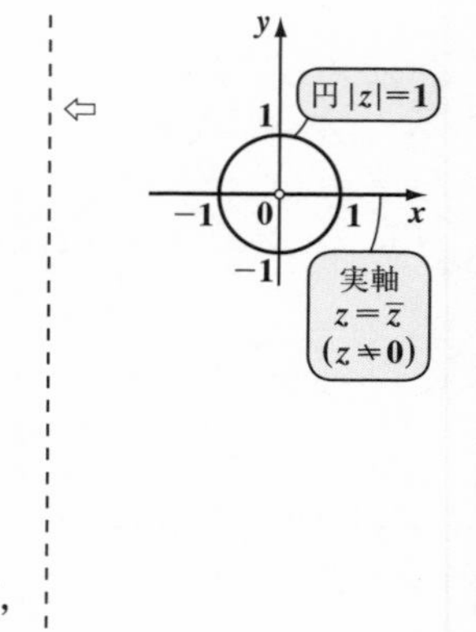

(2) 複素数 z について，$z+\dfrac{1}{z}$ $(z\neq 0)$ が純虚数より，

(ⅰ) $z+\dfrac{1}{z}+\overline{z+\dfrac{1}{z}}=0$ かつ (ⅱ) $z+\dfrac{1}{z}\neq 0$

$\left(\overline{z+\dfrac{1}{z}}=\overline{z}+\dfrac{1}{\overline{z}}\right)$

(ⅰ) $z+\dfrac{1}{z}+\overline{z}+\dfrac{1}{\overline{z}}=0$ より，この両辺に $z\overline{z}$ をかけて，

$z^2\cdot\overline{z}+\overline{z}+z\cdot\overline{z}^2+z=0$　$z\overline{z}(z+\overline{z})+(z+\overline{z})=0$

$(z\overline{z}+1)(z+\overline{z})=0$　$(|z|^2+1)(z+\overline{z})=0$

($z\overline{z}=|z|^2\geqq 0$)　($|z|^2+1$ は ⊕)

∴ $z+\overline{z}=0$　$(z\neq 0)$ となる。← z は純虚数

(ⅱ) $z+\dfrac{1}{z}\neq 0$ より，両辺に z をかけて，

$z^2\neq -1$　　∴ $z\neq\pm i$　(∵ $(\pm i)^2=i^2=-1$)

以上 (ⅰ)(ⅱ) より，

$z+\overline{z}=0$ (ただし，$z\neq 0$，$\pm i$)

∴① (答)(エ)，⑧ (答)(オ)

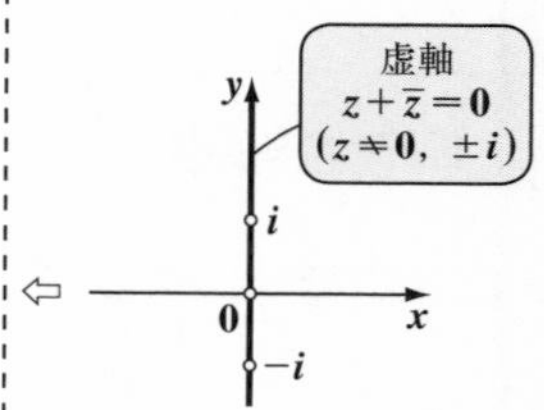

どう？うまく解答できたかな？複素数の実数条件と純虚数条件は，これから共通テストでも出題されるかも知れないので，この問題でシッカリ練習しておくといいと思う。

● 複素数の極形式の問題も解いてみよう！

では次に，複素数 z の極形式（きょくけいしき）の問題も解いてみよう。極形式にすることにより，2つの複素数の積や商，ベキ乗計算などが楽に行えるようになるんだね。

演習問題 74	制限時間 9 分	難易度 ★★	CHECK1	CHECK2	CHECK3

2つの複素数 $\alpha = 1 - i$ と $\beta = 1 - \sqrt{3}i$ を極形式で表すと，（ただし，i は虚数単位を表し，また，偏角 θ は，$-\pi \leqq \theta < \pi$ とする。）

$$\begin{cases} \alpha = 1 - i = \sqrt{\boxed{ア}}\left\{\cos\left(-\dfrac{\pi}{\boxed{イ}}\right) + i\cdot\sin\left(-\dfrac{\pi}{\boxed{イ}}\right)\right\} & \cdots\cdots ① \\ \beta = 1 - \sqrt{3}i = \boxed{ウ}\left\{\cos\left(-\dfrac{\pi}{\boxed{エ}}\right) + i\cdot\sin\left(-\dfrac{\pi}{\boxed{エ}}\right)\right\} & \cdots\cdots ② \end{cases}$$ となる。

これから，次の各式の値を求めよ。

(i) $\left(\dfrac{\beta}{\alpha}\right)^6 = \boxed{オカ}\,i$　　(ii) $\left(\dfrac{\beta}{\alpha}\right)^9 = -\boxed{キク} - \boxed{ケコ}\,i$

(iii) $\left(\dfrac{\beta}{\alpha}\right)^{12} = -\boxed{サシ}$　　(iv) $1 + \alpha + \alpha^2 + \cdots + \alpha^7 = \boxed{スセ}\,i$

(v) $1 + \beta + \beta^2 + \cdots + \beta^5 = \boxed{ソタ}\sqrt{\boxed{チ}}\,i$ となる。

ヒント！ 一般に，複素数 $\alpha = a + bi$（$a,\ b$：実数）の極形式では，

$\alpha = \underbrace{\sqrt{a^2+b^2}}_{r\,(絶対値)}\left(\underbrace{\dfrac{a}{\sqrt{a^2+b^2}}}_{\cos\theta} + \underbrace{\dfrac{b}{\sqrt{a^2+b^2}}}_{\sin\theta\ (-\pi \leqq \theta < \pi)}i\right) = r(\cos\theta + i\sin\theta)\ (-\pi \leqq \theta < \pi)$ と表せる。

また，ド・モアブルの定理：$(\cos\theta + i\sin\theta)^n = \cos n\theta + i\sin n\theta$（$n$：整数）も使おう。

解答＆解説

$\cdot\ \alpha = 1 - i = \sqrt{2}\left\{\underbrace{\dfrac{1}{\sqrt{2}}}_{\cos\left(-\frac{\pi}{4}\right)} + \underbrace{\left(-\dfrac{1}{\sqrt{2}}\right)}_{\sin\left(-\frac{\pi}{4}\right)}i\right\}$

$= \sqrt{2}\left\{\cos\left(-\dfrac{\pi}{4}\right) + i\sin\left(-\dfrac{\pi}{4}\right)\right\}$ ……①

………（答）（ア，イ）

ココがポイント

⇦ $\alpha = \underbrace{\sqrt{2}}_{\sqrt{1^2+(-1)^2}}\left(\underbrace{\dfrac{1}{\sqrt{2}}}_{\cos\left(-\frac{\pi}{4}\right)} - \underbrace{\dfrac{1}{\sqrt{2}}}_{\sin\left(-\frac{\pi}{4}\right)}i\right)$

$\cdot\beta = 1-\sqrt{3}i = 2\left\{\frac{1}{2}+\left(-\frac{\sqrt{3}}{2}\right)i\right\}$

$\frac{1}{2} = \cos\left(-\frac{\pi}{3}\right)$, $-\frac{\sqrt{3}}{2} = \sin\left(-\frac{\pi}{3}\right)$

$= 2\left\{\cos\left(-\frac{\pi}{3}\right)+i\sin\left(-\frac{\pi}{3}\right)\right\}$ ……②

………(答)(ウ, エ)

⇦ $\beta = 2\left(\frac{1}{2}-\frac{\sqrt{3}}{2}i\right)$　$2 = \sqrt{1^2+(-\sqrt{3})^2}$, $\frac{1}{2} = \cos\left(-\frac{\pi}{3}\right)$, $-\frac{\sqrt{3}}{2} = \sin\left(-\frac{\pi}{3}\right)$

$$\begin{cases}\alpha = \sqrt{2}\left\{\cos\left(-\frac{\pi}{4}\right)+i\sin\left(-\frac{\pi}{4}\right)\right\} & \cdots\cdots① \\ \beta = 2\left\{\cos\left(-\frac{\pi}{3}\right)+i\sin\left(-\frac{\pi}{3}\right)\right\} & \cdots\cdots②\end{cases}$$ より,

②÷①を求めると,

$$\frac{\beta}{\alpha} = \frac{2\left\{\cos\left(-\frac{\pi}{3}\right)+i\sin\left(-\frac{\pi}{3}\right)\right\}}{\sqrt{2}\left\{\cos\left(-\frac{\pi}{4}\right)+i\sin\left(-\frac{\pi}{4}\right)\right\}}$$

$$= \sqrt{2}\left\{\cos\left(-\frac{\pi}{3}+\frac{\pi}{4}\right)+i\sin\left(-\frac{\pi}{3}+\frac{\pi}{4}\right)\right\}$$

$-\frac{\pi}{3}+\frac{\pi}{4} = \frac{-4\pi+3\pi}{12} = -\frac{\pi}{12}$

$$= \sqrt{2}\left\{\cos\left(-\frac{\pi}{12}\right)+i\sin\left(-\frac{\pi}{12}\right)\right\}$$ ……③ となる。

⇦ $\begin{cases}\alpha = r_1\cdot(\cos\theta_1+i\sin\theta_1) \\ \beta = r_2\cdot(\cos\theta_2+i\sin\theta_2)\end{cases}$

のとき,

$\cdot\ \alpha\cdot\beta = r_1\cdot r_2\{\cos(\theta_1+\theta_2)+i\sin(\theta_1+\theta_2)\}$

$\cdot\ \frac{\beta}{\alpha} = \frac{r_2}{r_1}\{\cos(\theta_2-\theta_1)+i\sin(\theta_2-\theta_1)\}$

(i) $\left(\frac{\beta}{\alpha}\right)^6 = (\sqrt{2})^6\cdot\left\{\cos\left(-\frac{\pi}{12}\right)+i\sin\left(-\frac{\pi}{12}\right)\right\}^6$

$(\sqrt{2})^6 = \left(2^{\frac{1}{2}}\right)^6 = 2^3 = 8$, $\left\{\cos\left(-\frac{\pi}{12}\right)+i\sin\left(-\frac{\pi}{12}\right)\right\}^6 = \cos\left(-6\cdot\frac{\pi}{12}\right)+i\sin\left(-6\cdot\frac{\pi}{12}\right)$

$$= 8\left\{\cos\left(-\frac{\pi}{2}\right)+i\sin\left(-\frac{\pi}{2}\right)\right\}$$

$\cos\left(-\frac{\pi}{2}\right) = 0$, $\sin\left(-\frac{\pi}{2}\right) = -1$

$= -8i$ ……………………………(答)(オカ)

⇦ ド・モアブルの定理

$(\cos\theta+i\sin\theta)^n = \cos n\theta+i\sin n\theta$

(ii) $\left(\dfrac{\beta}{\alpha}\right)^9=(\sqrt{2})^9\left\{\cos\left(-\dfrac{\pi}{12}\right)+i\sin\left(-\dfrac{\pi}{12}\right)\right\}^9$

$=2^{\frac{9}{2}}\cdot\left\{\cos\left(-\dfrac{3}{4}\pi\right)+i\sin\left(-\dfrac{3}{4}\pi\right)\right\}$

$=16\sqrt{2}\left(-\dfrac{1}{\sqrt{2}}-\dfrac{1}{\sqrt{2}}i\right)=-16-16i$

……(答)(キク，ケコ)

⇦ $\cdot\ 2^{\frac{9}{2}}=2^4\cdot2^{\frac{1}{2}}=16\sqrt{2}$
$\cdot\ \cos\left(-\dfrac{3}{4}\pi\right)=-\dfrac{1}{\sqrt{2}}$
$\cdot\ \sin\left(-\dfrac{3}{4}\pi\right)=-\dfrac{1}{\sqrt{2}}$

(iii) $\left(\dfrac{\beta}{\alpha}\right)^{12}=(\sqrt{2})^{12}\left\{\cos\left(-\dfrac{\pi}{12}\right)+i\sin\left(-\dfrac{\pi}{12}\right)\right\}^{12}$

$=2^6\cdot\{\cos(-\pi)+i\sin(-\pi)\}$

$=64\times(-1)=-64$ ………………(答)(サシ)

⇦ $\cdot\ 2^6=2\times2^5=2\times32=64$
$\cdot\ \cos(-\pi)=-1$
$\cdot\ \sin(-\pi)=0$

(iv) $1+\alpha+\alpha^2+\cdots+\alpha^7=\dfrac{1-\alpha^8}{1-\alpha}$

$=\dfrac{1-16\{\overbrace{\cos(-2\pi)}^{1}+\overbrace{i\sin(-2\pi)}^{0}\}}{1-(1-i)}=\dfrac{1-16}{i}$

$=\dfrac{-15}{i}=\dfrac{15\cdot i^2}{i}=15i$ ………………(答)(スセ)

⇦ 初項 $a=1$，公比 $r=\alpha$，項数 $n=8$ の等比数列の和
$\dfrac{a(1-r^n)}{1-r}=\dfrac{1\cdot(1-\alpha^8)}{1-\alpha}$
$\cdot\ 1-\alpha=1-(1-i)=i$
$\cdot\ \alpha^8=(\sqrt{2})^8\cdot\left\{\cos\left(-\dfrac{\pi}{4}\right)+i\cdot\sin\left(-\dfrac{\pi}{4}\right)\right\}^8$
$=2^4\{\cos(-2\pi)+i\sin(-2\pi)\}$

(v) $1+\beta+\beta^2+\cdots+\beta^5=\dfrac{1-\beta^6}{1-\beta}$

$=\dfrac{1-2^6\left\{\cos\left(-\dfrac{\pi}{3}\right)+i\sin\left(-\dfrac{\pi}{3}\right)\right\}^6}{1-(1-\sqrt{3}i)}$

$=\dfrac{1-64\{\overbrace{\cos(-2\pi)}^{1}+\overbrace{i\sin(-2\pi)}^{0}\}}{\sqrt{3}i}$

$=\dfrac{1-64}{\sqrt{3}i}=\dfrac{i^2}{i}\cdot\dfrac{63}{\sqrt{3}}=i\cdot21\sqrt{3}=21\sqrt{3}i$

………(答)(ソタ，チ)

共通テストで数列を選択するつもりの人も，等比数列の和の公式 $S_n=a+ar+ar^2+\cdots+ar^{n-1}=\dfrac{a(1-r^n)}{1-r}$ くらいは覚えて，使いこなせるようにしよう！

● 3次方程式の応用問題にもチャレンジしよう！

それでは，複素数の高次方程式の問題も解いてみよう。今回は三角形の面積計算も含めた応用問題になるので，制限時間内で解けるように頑張ろう！

演習問題 75	制限時間 10 分	難易度 ★★	CHECK 1	CHECK 2	CHECK 3

相異なる **2** つの複素数 α と β が複素数平面上で表す点をそれぞれ **A**, **B** とおく。また，α, β は次の方程式 $\alpha^3+8i\cdot\beta^3=0$ ……① (i：虚数単位) をみたす。

(1) $z=\dfrac{\alpha}{\beta}$ とおくとき，①より，$z=\sqrt{\boxed{ア}}-i$, $\boxed{イ}\,i$, $-\sqrt{\boxed{ウ}}-i$ となる。

(2) $\beta=1+2i$ であるとき，原点を **O** として，

(i) $z=\sqrt{\boxed{ア}}-i$ のとき，△**OAB** の面積 S は，$S=\dfrac{\boxed{エ}}{\boxed{オ}}$ である。

(ii) $z=\boxed{イ}\,i$ のとき，△**OAB** の面積 S は，$S=\boxed{カ}$ である。

(iii) $z=-\sqrt{\boxed{ウ}}-i$ のとき，△**OAB** の面積 S は，$S=\dfrac{\boxed{キ}}{\boxed{ク}}$ である。

ヒント！ (1) $z=\dfrac{\alpha}{\beta}$ とおくと，①より，$z^3=-8i$ となって，z の **3** 次方程式になる。このような方程式をみたす複素数は，複素数平面上の同一円周上に等間隔に並ぶ点となることに注意しよう。(2) の△**OAB** の面積 S は，ベクトルでの公式：$S=\dfrac{1}{2}|x_1y_2-x_2y_1|$ を利用すると便利だと思う。複素数 $z=x_1+iy_1$ は，$\overrightarrow{OP}=(x_1,\ y_1)$ と同様に考えてもいいからだね。

解答＆解説

2 つの複素数 α, β が，

$\alpha^3+8i\beta^3=0$ ……① をみたす。

(1) ①より，$\left(\dfrac{\alpha}{\beta}\right)^3=-8i$ ……①′ となるので，

$z=\dfrac{\alpha}{\beta}$ とおくと，

$z^3=-8i$ ……② となる。

ここで，$z=r\cdot(\cos\theta+i\sin\theta)$ ……③ とおき，また，

ココがポイント

⇦ ②の z の **3** 次方程式の解は，複素数平面上の同一円周上に等間隔に並ぶ点となる。

$-8i=8(0-1\cdot i)$

$\cos\left(-\frac{\pi}{2}+2n\pi\right)$ $\sin\left(-\frac{\pi}{2}+2n\pi\right)$

$=8\left\{\cos\left(-\frac{\pi}{2}+2n\pi\right)+i\sin\left(-\frac{\pi}{2}+2n\pi\right)\right\}$ …④

$(n=0,\ 1,\ 2)$ とおく。

③，④を②に代入して，

$r^3\cdot(\cos3\theta+i\sin3\theta)$

$=8\left\{\cos\left(-\frac{\pi}{2}+2n\pi\right)+i\sin\left(-\frac{\pi}{2}+2n\pi\right)\right\}$ …⑤

となる。⑤より，

$r^3=8$ かつ $3\theta=-\frac{\pi}{2}+2n\pi$ $(n=0,\ 1,\ 2)$ から，

$r=2$，$\theta=-\frac{\pi}{6}$，$\frac{\pi}{2}$，$\frac{7}{6}\pi$ となる。

⇦ ・$r^3=8$ より，$r=2$
・$3\theta=-\frac{\pi}{2}+2n\pi$
$(n=0,\ 1,\ 2)$ より，
$3\theta=-\frac{\pi}{2}$，$\frac{3}{2}\pi$，$\frac{7}{2}\pi$
$\therefore\ \theta=-\frac{\pi}{6}$，$\frac{\pi}{2}$，$\frac{7}{6}\pi$

よって，②の解は，

(i) $z=2\left\{\cos\left(-\frac{\pi}{6}\right)+i\sin\left(-\frac{\pi}{6}\right)\right\}$

$=2\left(\frac{\sqrt{3}}{2}-\frac{1}{2}i\right)=\sqrt{3}-i$ ………(答)(ア)

(ii) $z=2\left(\cos\frac{\pi}{2}+i\sin\frac{\pi}{2}\right)=2\times1\cdot i$

$=2i$ ……………………………(答)(イ)

(iii) $z=2\left\{\cos\frac{7}{6}\pi+i\sin\frac{7}{6}\pi\right\}$

$=2\left(-\frac{\sqrt{3}}{2}-\frac{1}{2}i\right)=-\sqrt{3}-i$ ……(答)(ウ)

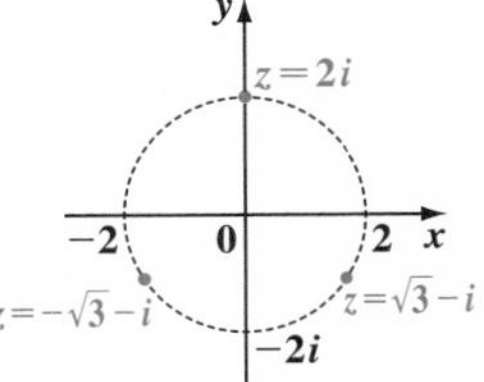

(2) $\beta=1+2i$ であるとき，

(i) $z=\frac{\alpha}{\beta}=\sqrt{3}-i$ のとき，

$\alpha=(\sqrt{3}-i)\beta=(\sqrt{3}-i)(1+2i)$

$=2+\sqrt{3}+(2\sqrt{3}-1)i$ となる。

⇦ $(\sqrt{3}-i)(1+2i)$
$=\sqrt{3}+2\sqrt{3}i-i+2$
$=2+\sqrt{3}+(2\sqrt{3}-1)i$

よって，△OAB の面積 S をこれから求めると，

Babaのレクチャー

$A(\alpha)$，$B(\beta)$ のとき，$\alpha = x_1 + iy_1$，
$\beta = x_2 + iy_2$ とする。このとき，
右図に示すような△OABの面積 S は，
$\overrightarrow{OA} = (x_1,\ y_1)$，$\overrightarrow{OB} = (x_2,\ y_2)$ で
あるときの公式を用いて，
$S = \frac{1}{2}|x_1y_2 - x_2y_1|$ で求めることができる。

$\overrightarrow{OB} = (x_2,\ y_2)$ $(\beta = x_2 + iy_2)$
面積 $S = \frac{1}{2}|x_1y_2 - x_2y_1|$
$\overrightarrow{OA} = (x_1,\ y_1)$ $(\alpha = x_1 + iy_1)$

$\alpha = \underbrace{2+\sqrt{3}}_{x_1} + \underbrace{(2\sqrt{3}-1)}_{y_1}i$，$\beta = \underbrace{1}_{x_2} + \underbrace{2}_{y_2}i$ より，

$S = \frac{1}{2}\left|(2+\sqrt{3})\times 2 - (2\sqrt{3}-1)\cdot 1\right|$

$= \frac{5}{2}$ である。……………………(答)(エ，オ)

⇦ $\frac{1}{2}|4 + 2\sqrt{3} - 2\sqrt{3} + 1|$
$= \frac{1}{2}|5| = \frac{5}{2}$

(ii) $z = \boxed{\frac{\alpha}{\beta} = 2i}$ のとき，

$\alpha = 2i\cdot\beta = 2i(1+2i) = \underbrace{-4}_{x_1} + \underbrace{2}_{y_1}i$

$\beta = \underbrace{1}_{x_2} + \underbrace{2}_{y_2}i$ より，△OABの面積 S は，

$S = \frac{1}{2}|-4\times 2 - 2\times 1| = \frac{1}{2}\cdot|-10| = 5$

………(答)(カ)

⇦ $S = \frac{1}{2}|x_1y_2 - x_2y_1|$

(iii) $z = \boxed{\frac{\alpha}{\beta} = -\sqrt{3} - i}$ のとき，

$\alpha = (-\sqrt{3} - i)\beta = (-\sqrt{3} - i)(1+2i)$

$= \underbrace{2-\sqrt{3}}_{x_1} \underbrace{-(2\sqrt{3}+1)}_{y_1}i$

⇦ $(-\sqrt{3} - i)(1+2i)$
$= -\sqrt{3} - 2\sqrt{3}i - i + 2$
$= 2 - \sqrt{3} - (2\sqrt{3}+1)i$

$\beta = \underbrace{1}_{x_2} + \underbrace{2}_{y_2}i$ より，△OABの面積 S は，

$S = \frac{1}{2}\left|(2-\sqrt{3})\cdot 2 + 1\cdot(2\sqrt{3}+1)\right|$

$= \frac{5}{2}$ である。……………………(答)(キ，ク)

● アポロニウスの円の問題も解いてみよう！

典型的な複素数の図形問題として，アポロニウスの円の問題も解いてみよう。

演習問題 76	制限時間 8 分	難易度	CHECK1	CHECK2	CHECK3

複素数平面上に **2** 点 $\alpha=1$, $\beta=-i$ と，動点 $z=x+iy$ (x, y : 実数, $i^2=-1$) がある。

(1) 点 α と点 z との距離と，点 β と点 z との距離が等しくなるように動く点 z は，方程式 $|z-\boxed{ア}|=|z+i|$ ……① をみたす。これから，$y=\boxed{イ}x$ が導かれる。

(2) 点 α と点 z との距離と，点 β と点 z との距離の比が，常に **1 : 2** になるように動く点 z は，方程式

$\boxed{ウ}|z-\boxed{エ}|=|z+i|$ ……② をみたす。これを変形して，

$\left|z-\left(\dfrac{\boxed{オ}}{3}+\dfrac{\boxed{カ}}{3}i\right)\right|=\dfrac{\boxed{キ}\sqrt{\boxed{ク}}}{3}$ ……③ となるので，この点 z の軌跡は，

中心 $\dfrac{\boxed{オ}}{3}+\dfrac{\boxed{カ}}{3}i$，半径 $\dfrac{\boxed{キ}\sqrt{\boxed{ク}}}{3}$ の円 C を描く。この円 C が実軸から切り取る線分の長さは $\dfrac{\boxed{ケ}\sqrt{\boxed{コ}}}{\boxed{サ}}$ である。

ヒント！ (1) では，z の軌跡は，点 $\alpha=1$ と点 $\beta=-i$ を端点にもつ線分の垂直二等分線になる。(2) は，アポロニウスの円の問題で，②の両辺を **2** 乗して，変形してまとめて，③を導けばよい。この円 C が実軸から切り取る線分の長さは，複素数平面上の図形で考えよう。

解答＆解説

点 $\alpha=1$, $\beta=-i$，動点 $z=x+iy$ とおく。

(1) α と z の間の距離と β と z の間の距離は等しいので，

$|z-1|=|z+i|$ ……① となる。よって，…(答)(ア)

（$z+i = z-(-i)$）

①に，$z=x+iy$ を代入して，両辺を **2** 乗すると，

$|(x-1)+yi|^2=|x+(y+1)i|^2$ より，

$(x-1)^2+y^2=x^2+(y+1)^2$

$\cancel{x^2}-2x+\cancel{1}+\cancel{y^2}=\cancel{x^2}+\cancel{y^2}+2y+\cancel{1}$

$2y=-2x$ $\quad\therefore y=-x$ が導かれる。……(答)(イ)

$|a+bi|^2=a^2+b^2$ (a, b : 実数)

ココがポイント

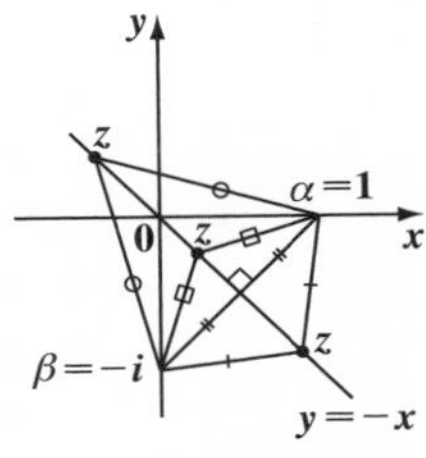

点 z の軌跡は，**2** 点 α, β を端点にもつ線分の垂直二等分線になる。

(2) α と z の間の距離と β と z の間の距離の比が 1 : 2 より，

$2|z-1|=|z+i|$ ……② となる。………(答)(ウ, エ)

②の両辺を 2 乗して，

$4|z-1|^2=|z+i|^2$ より，

$(z-1)(\overline{z-1})=(z-1)(\overline{z}-1)$　$(z+i)(\overline{z+i})=(z+i)(\overline{z}-i)$

$4(z-1)(\overline{z}-1)=(z+i)(\overline{z}-i)$

$4(z\overline{z}-z-\overline{z}+1)=z\overline{z}-iz+i\overline{z}+1$　よって，（$1=-i^2$）

$3z\overline{z}-(4-i)z-(4+i)\overline{z}=-3$　両辺を 3 で割って，

$z\overline{z}-\left(\frac{4}{3}-\frac{1}{3}i\right)z-\left(\frac{4}{3}+\frac{1}{3}i\right)\overline{z}=-1$ ……②′ となる。（$\frac{4}{3}-\frac{1}{3}i=\overline{\gamma}$，$\frac{4}{3}+\frac{1}{3}i$ を γ とおく）

ここで，$\gamma=\frac{4}{3}+\frac{1}{3}i$ とおくと，$\overline{\gamma}=\frac{4}{3}-\frac{1}{3}i$ より，②′は，

$z\overline{z}-\overline{\gamma}z-\gamma\overline{z}=-1$

$z(\overline{z}-\overline{\gamma})-\gamma(\overline{z}-\overline{\gamma})=-1+\gamma\overline{\gamma}$ ← 両辺に $\gamma\overline{\gamma}$ をたした（$\gamma\overline{\gamma}=\frac{17}{9}$）

$(z-\gamma)(\overline{z-\gamma})=\frac{17}{9}-1$

$|z-\gamma|^2=\frac{8}{9}$　　$\therefore |z-\gamma|=\sqrt{\frac{8}{9}}$ より，

$\left|z-\left(\frac{4}{3}+\frac{1}{3}i\right)\right|=\frac{2\sqrt{2}}{3}$ ……③ となる。

………(答)(オ, カ, キ, ク)

③より，点 z の軌跡は，中心 $\frac{4}{3}+\frac{1}{3}i$，半径 $\frac{2\sqrt{2}}{3}$ の円 C (アポロニウスの円) である。

⇦ $|z-\alpha|:|z-\beta|=1:2$
$2|z-\alpha|=|z-\beta|$（$\alpha=1$，$\beta=-i$）

⇦ $|\alpha|^2=\alpha\cdot\overline{\alpha}$

⇦ $\cdot\ \overline{z-1}=\overline{z}-\overline{1}=\overline{z}-1$
$\cdot\ \overline{z+i}=\overline{z}+\overline{i}=\overline{z}-i$

⇦ $4z\overline{z}-4z-4\overline{z}+4=z\overline{z}-iz+i\overline{z}+1$
より，
$3z\overline{z}-(4-i)z-(4+i)\overline{z}=-3$

⇦ $\gamma\cdot\overline{\gamma}=|\gamma|^2=\left(\frac{4}{3}\right)^2+\left(\frac{1}{3}\right)^2=\frac{17}{9}$

⇦ 中心 $\frac{4}{3}+\frac{1}{3}i$，半径 $\frac{2\sqrt{2}}{3}$ のアポロニウスの円 C

よって，この円 C が実軸から切り取る線分の長さを l とおくと，右図より，直角三角形の三平方の定理を用いて，

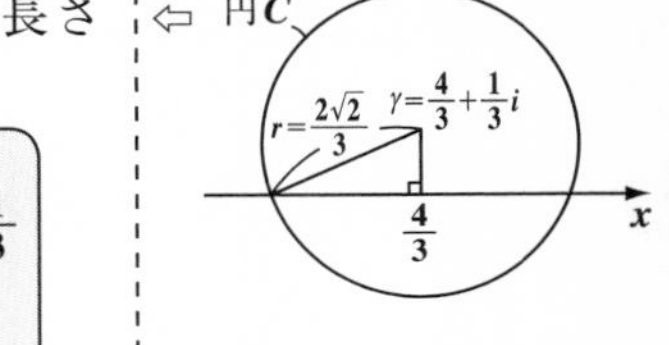

$$\frac{l}{2}=\sqrt{\left(\frac{2\sqrt{2}}{3}\right)^2-\left(\frac{1}{3}\right)^2}=\sqrt{\frac{7}{9}}$$

$\therefore l=2\times\frac{\sqrt{7}}{3}=\frac{2\sqrt{7}}{3}$ である。……(答)(ケ，コ，サ)

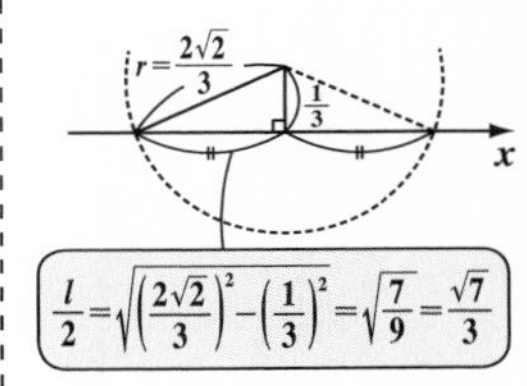

中心 α，半径 r の円を表す動点 z の複素数の方程式は，

$|z-\alpha|=r$ ……㋐ であり，この両辺を 2 乗して変形すると，

$$|z-\alpha|^2=r^2$$

$$(z-\alpha)(\overline{z}-\overline{\alpha})=r^2$$

$$z\overline{z}-\overline{\alpha}z-\alpha\overline{z}+C=0$$

（$C=\alpha\overline{\alpha}-r^2=|\alpha|^2-r^2$（実定数））

となる。これを逆にたどって，㋐の方程式を導けるようになることがポイントなんだね。今回の (2) の解答＆解説でも，この逆の流れに沿って，問題を解いていたんだね。

● 分点公式と回転の問題にもトライしよう！

ベクトルと同様に複素数にも内分点と外分点の公式が利用できるんだね。また，原点以外の点の回りの回転移動についても，次の演習問題で練習しておこう。

演習問題 77	制限時間８分	難易度 ☆☆	CHECK1	CHECK2	CHECK3

２つの複素数 $\alpha=-1+4i$，$\beta=3+2i$ の表す点をそれぞれ A，B とおく。
(ただし，O を原点とし，$i^2=-1$)

(1) 線分 AB を $2:1$ に内分する点 C を表す複素数 γ は，

$$\gamma=\frac{\boxed{ア}}{3}+\frac{\boxed{イ}}{3}i \text{ である。}$$

(2) 線分 AB を $3:1$ に外分する点 D を表す複素数 δ は，
$\delta=\boxed{ウ}+\boxed{エ}i$ である。

(3) △OCD の面積を S_1 とおくと，$S_1=\dfrac{\boxed{オカ}}{\boxed{キ}}$ である。

(4) 点 B を点 A のまわりに $\dfrac{\pi}{3}$ だけ回転した位置にある点 E を表す複素数を ε とおくと，$\varepsilon=\boxed{ク}+\sqrt{\boxed{ケ}}+\left(\boxed{コ}+\boxed{サ}\sqrt{\boxed{シ}}\right)i$ である。

(5) △ABE の面積を S_2 とおくと，$S_2=\boxed{ス}\sqrt{\boxed{セ}}$ である。

ヒント！ A，B を表す複素数をそれぞれ α，β とおくと，
(i) 線分 AB を $m:n$ に内分する点 C を表す複素数 γ は，$\gamma=\dfrac{n\alpha+m\beta}{m+n}$ であり，
(ii) 線分 AB を $m:n$ に外分する点 D を表す複素数 δ は，$\delta=\dfrac{-n\alpha+m\beta}{m-n}$ である。
これらの公式を利用して解いていこう。

解答＆解説

ココがポイント

A(α)，B(β) について，$\alpha=-1+4i$，$\beta=3+2i$ である。

(1) 線分 AB を $2:1$ に内分する点 C を表す複素数 γ は，

$$\gamma=\frac{1\cdot\alpha+2\cdot\beta}{2+1}=\frac{1}{3}\{-1+4i+2(3+2i)\}$$

$$=\frac{1}{3}(5+8i)=\frac{5}{3}+\frac{8}{3}i \text{ ……………(答)(ア，イ)}$$

⇦ 内分点の公式：$\gamma=\dfrac{n\alpha+m\beta}{m+n}$

(2) 線分 AB を 3：1 に外分する点 D

を表す複素数 δ は，

外分点の公式 $\delta=\dfrac{-n\alpha+m\beta}{m-n}$

$$\delta=\frac{-1\cdot\alpha+3\cdot\beta}{3-1}=\frac{1}{2}\{-(-1+4i)+3(3+2i)\}$$

$$=\frac{1}{2}(10+2i)=5+1\cdot i$$ ……………(答)(ウ，エ)

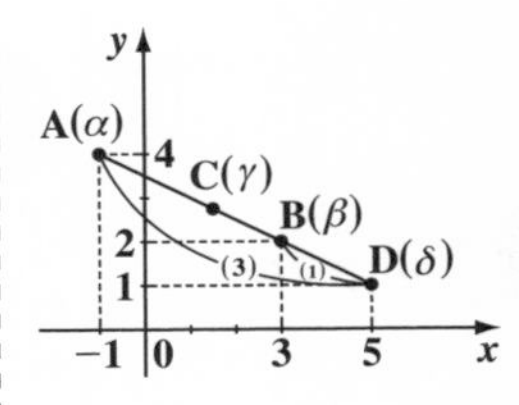

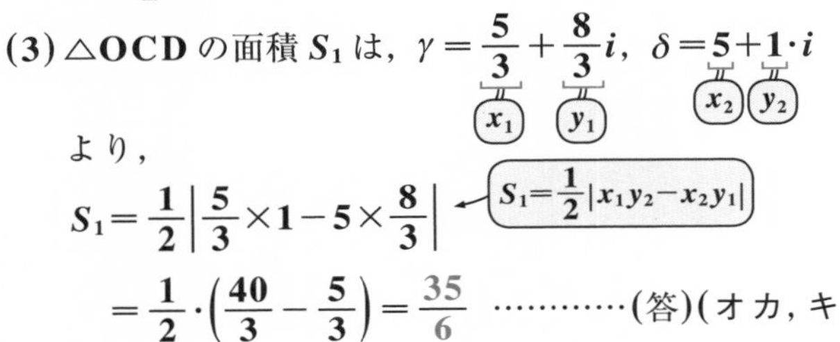

(3) △OCD の面積 S_1 は，$\gamma=\dfrac{5}{3}+\dfrac{8}{3}i$，$\delta=5+1\cdot i$ （$x_1=\dfrac{5}{3}$，$y_1=\dfrac{8}{3}$，$x_2=5$，$y_2=1$）

より，

$$S_1=\frac{1}{2}\left|\frac{5}{3}\times1-5\times\frac{8}{3}\right|$$ ← $S_1=\dfrac{1}{2}|x_1y_2-x_2y_1|$

$$=\frac{1}{2}\cdot\left(\frac{40}{3}-\frac{5}{3}\right)=\frac{35}{6}$$ …………(答)(オカ，キ)

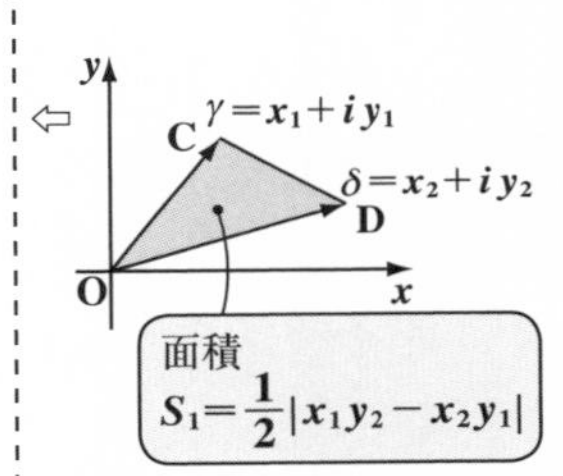

Babaのレクチャー

点 α, β, ε を表す点を順に A, B, E とおいて，点 B を点 A のまわりに θ だけ回転して，r 倍に拡大 (または縮小) した点を E(ε) とおくと，

$$\frac{\varepsilon-\alpha}{\beta-\alpha}=r(\cos\theta+i\sin\theta) \quad\cdots\cdots(*)$$ が成り立つ。

(i) $r>1$ のとき拡大，(ii) $0<r<1$ のとき縮小

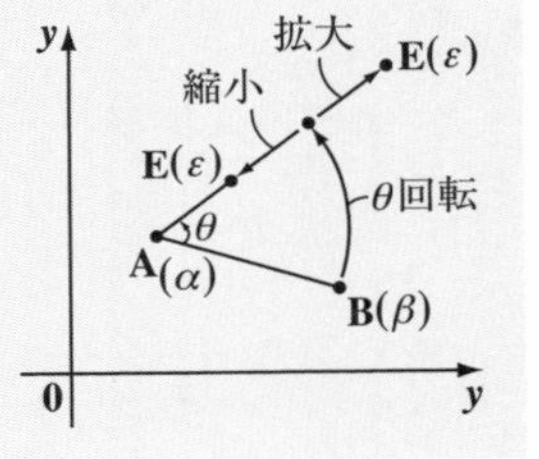

(4) 点 E(ε) は，点 B(β) を点 A(α) のまわりに $\dfrac{\pi}{3}$ だけ回転した点なので，

$$\frac{\varepsilon-\alpha}{\beta-\alpha}=1\cdot\left(\cos\frac{\pi}{3}+i\sin\frac{\pi}{3}\right)$$

今回は，回転のみで，拡大 (縮小) はないので，$r=1$

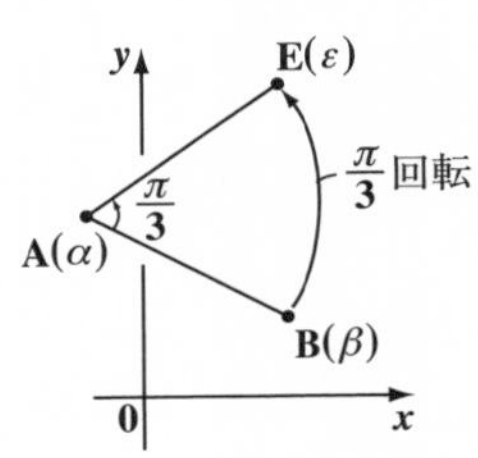

$\dfrac{\varepsilon-\alpha}{\beta-\alpha}=\underbrace{\cos\dfrac{\pi}{3}}_{\frac{1}{2}}+i\underbrace{\sin\dfrac{\pi}{3}}_{\frac{\sqrt{3}}{2}}$ より，

⇦ $\begin{cases}\alpha=-1+4i\\ \beta=3+2i\end{cases}$

$\therefore\ \varepsilon=\dfrac{1}{2}(1+\sqrt{3}\,i)\underbrace{(\beta-\alpha)}_{3+2i-(-1+4i)=4-2i}+\alpha$

$=\dfrac{1}{2}(1+\sqrt{3}\,i)(4-2i)-1+4i$

⇦ $(1+\sqrt{3}i)(2-i)-1+4i$
$=2-i+2\sqrt{3}i+\sqrt{3}-1+4i$
$=1+\sqrt{3}+(3+2\sqrt{3})i$

$=1+\sqrt{3}+(3+2\sqrt{3})i$ …(答)(ク，ケ，コ，サ，シ)

(5) △ABE は，1 辺の長さが $AB=|\beta-\alpha|$ の正三角形である。よって，

$AB^2=|3+2i-(-1+4i)|^2$
$=|4-2i|^2$
$=4^2+(-2)^2=20$ より，

求める正三角形の ABE の面積 S_2 は，

$S_2=\dfrac{\sqrt{3}}{4}\cdot AB^2=\dfrac{\sqrt{3}}{4}\times 20=5\sqrt{3}$ である。

………(答)(ス，セ)

⇦ 1 辺長さが a の正三角形の面積 S は，
$S=\dfrac{1}{2}\times a\times\dfrac{\sqrt{3}}{2}a=\dfrac{\sqrt{3}}{4}a^2$

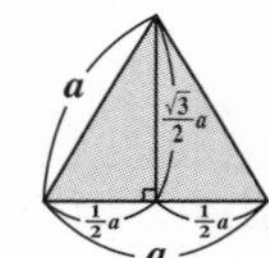

どう？すべて解けた？分点公式と回転以外に三角形の面積を求める問題でもあったんだね。一般の三角形の面積の公式：$S=\dfrac{1}{2}|x_1y_2-x_2y_1|$ は重要公式だけれど，1 辺の長さが a の正三角形の面積公式：$S=\dfrac{\sqrt{3}}{4}a^2$ もよく利用する公式だから，シッカリ頭に入れておこう。

● 回転と相似の合成変換の応用問題にもトライしよう！

ベクトルの成分表示，たとえば $\vec{a}=(3,\ 2)$ を，複素数表示して $\vec{a}=3+2i$ のように表すことにより，回転と相似の合成変換の応用問題も，楽に解けるようになる。是非解いてみよう。

演習問題 78	制限時間 12 分	難易度 ★☆☆	CHECK1	CHECK2	CHECK3

図 1 に示すように，複素数平面の原点を P_0 とし，P_0 から実軸の正の向きに 4 進んだ点を P_1 とする。以下，$P_n(n=1,\ 2,\ \cdots)$ に到達した後，$120°$ 回転してから，前回進んだ距離の $\frac{1}{2}$ 倍進んで到達する点を P_{n+1} とする。このとき，P_6 を表す複素数を次のように求めよう。

図 1

$\overrightarrow{P_0P_6}=\overrightarrow{P_0P_1}+\overrightarrow{P_1P_2}+\cdots+\overrightarrow{P_5P_6}$ ……① と表される。

ここで，$\overrightarrow{P_0P_1}$ の成分表示を次のように複素数で表すことにすると，

$\overrightarrow{P_0P_1}=(4,\ 0)=4+0\cdot i=$ ア ……② となる。

図 2に示すように，$\overrightarrow{P_1P_2}$ は，図 2 に示すように，$\overrightarrow{P_0P_1}=4$ を，$120°$ だけ回転して $\frac{1}{2}$ 倍に縮小したものなので，

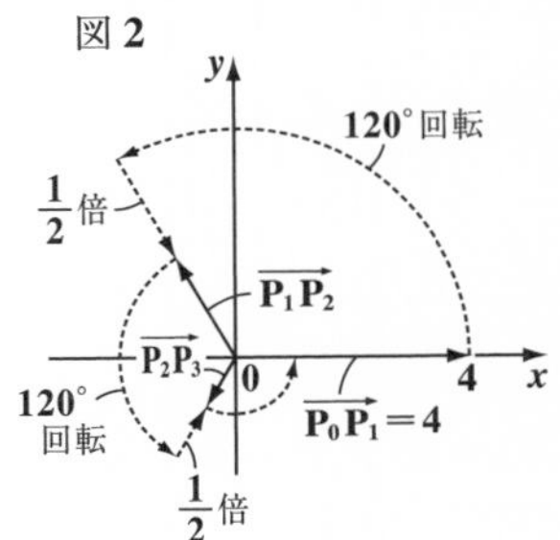

$\alpha=\frac{1}{2}(\cos 120°+i\sin 120°)$ ……③ とおくと，

$\overrightarrow{P_1P_2}=\alpha\overrightarrow{P_0P_1}=$ ア α となる。同様に，

$\overrightarrow{P_2P_3}=\alpha\overrightarrow{P_1P_2}=$ ア $\alpha^{イ}$，$\overrightarrow{P_3P_4}=\alpha\overrightarrow{P_2P_3}=$ ア $\alpha^{ウ}$，$\overrightarrow{P_4P_5}=\alpha\overrightarrow{P_3P_4}=$ ア $\alpha^{エ}$，

$\overrightarrow{P_5P_6}=\alpha\overrightarrow{P_4P_5}=$ ア $\alpha^{オ}$ となる。これらを，①に代入してまとめると，

$\overrightarrow{P_0P_6}=$ ア $(1+\alpha+\alpha^{イ}+\alpha^{ウ}+\alpha^{エ}+\alpha^{オ})=4\times\frac{1-\alpha^6}{1-\alpha}$ ……④ となる。

④より，P_6 を表す複素数は，$\frac{カキ}{16}+\frac{ク\sqrt{ケ}}{16}$ となる。

ヒント！ ベクトルの成分表示を複素数で表し，また，回転と相似の合成変換の公式を用いることにより，問題の導入に従って解いていこう。

解答＆解説

平面ベクトルのまわり道の原理より，

$\overrightarrow{P_0P_6}=\overrightarrow{P_0P_1}+\overrightarrow{P_1P_2}+\overrightarrow{P_2P_3}+\overrightarrow{P_3P_4}+\overrightarrow{P_4P_5}+\overrightarrow{P_5P_6}$ ……①

と表される。ここで，ベクトルの成分表示を複素数で表すものとすると，

$\overrightarrow{P_0P_1}=(4,\ 0)=4+0\cdot i=4$ ……② となる。…(答)(ア)

成分表示では，各ベクトルの始点を原点0においたときの終点の座標なので，$\overrightarrow{P_1P_2}$は右図に示すように，$\overrightarrow{P_0P_1}=4$を，$120°$だけ回転して，$\frac{1}{2}$倍に縮小したものである。よって，

$\alpha=\frac{1}{2}(\underbrace{\cos120°}_{-\frac{1}{2}}+i\underbrace{\sin120°}_{\frac{\sqrt{3}}{2}})$ ……③，つまり，

$\alpha=\frac{1}{4}(-1+\sqrt{3}i)$ ……③′ とおくと，

$\overrightarrow{P_1P_2}=\alpha\cdot\underbrace{\overrightarrow{P_0P_1}}_{4}=4\alpha$ となる。

また，$\overrightarrow{P_2P_3}$は，$\overrightarrow{P_1P_2}$を$120°$だけ回転して，$\frac{1}{2}$倍に縮小したものなので，

$\overrightarrow{P_2P_3}=\alpha\cdot\underbrace{\overrightarrow{P_1P_2}}_{4\alpha}=4\alpha^2$ となる。 ………………(答)(イ)

以下同様に，

$\overrightarrow{P_3P_4}=\alpha\cdot\overrightarrow{P_2P_3}=\alpha\cdot4\alpha^2=4\alpha^3$ となる。 ……(答)(ウ)

$\overrightarrow{P_4P_5}=\alpha\cdot\overrightarrow{P_3P_4}=\alpha\cdot4\alpha^3=4\alpha^4$ となる。 ……(答)(エ)

$\overrightarrow{P_5P_6}=\alpha\cdot\overrightarrow{P_4P_5}=\alpha\cdot4\alpha^4=4\alpha^5$ となる。 ……(答)(オ)

これらを①に代入すると，

$$\overrightarrow{P_0P_6}=4+4\alpha+4\alpha^2+4\alpha^3+4\alpha^4+4\alpha^5$$
$$=4(\underbrace{1+\alpha+\alpha^2+\alpha^3+\alpha^4+\alpha^5}_{S\text{とおく}})\ \text{となる。}$$

ココがポイント

⇦
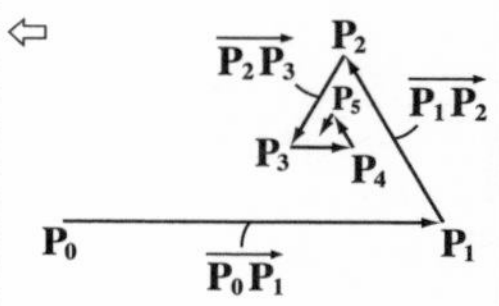

⇦
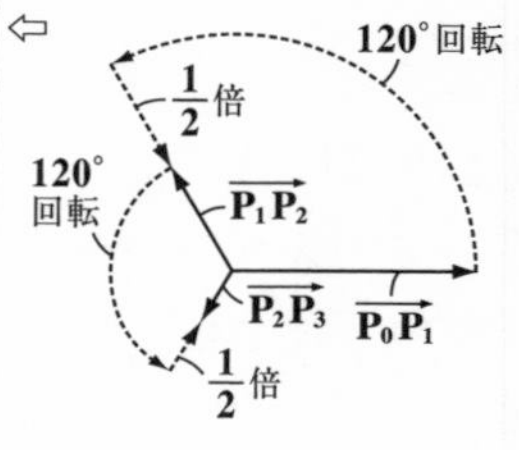

⇦ $S=1+\alpha+\alpha^2+\cdots+\alpha^5$

$\therefore \overrightarrow{P_0P_6} = 4 \times \dfrac{1-\alpha^6}{1-\alpha}$ ……④ となる。

$\begin{cases} S = 1+\alpha+\alpha^2+\cdots+\alpha^5 & \cdots\cdots ㋐ \\ \alpha S = \quad\ \alpha+\alpha^2+\cdots+\alpha^5+\alpha^6 & \cdots ㋑ \end{cases}$

㋐−㋑より，$(1-\alpha)S = 1-\alpha^6$

$\therefore S = \dfrac{1-\alpha^6}{1-\alpha}$ ← 等比数列の和の公式より

ここで，

・$1-\alpha = 1-\dfrac{1}{4}(-1+\sqrt{3}i) = \dfrac{1}{4}(5-\sqrt{3}i)$ ……④′

（$\alpha = \dfrac{1}{4}(-1+\sqrt{3}i)$ （③′より））

・$1-\alpha^6 = 1-\left\{\dfrac{1}{2}(\cos 120°+i\sin 120°)\right\}^6$

（$\alpha = \dfrac{1}{2}(\cos 120°+i\sin 120°)$ （③より））

$= 1-\left(\dfrac{1}{2}\right)^6(\cos 120°+i\sin 120°)^6$

（$\left(\dfrac{1}{2}\right)^6 = \dfrac{1}{2^6} = \dfrac{1}{64}$， $(\cos 120°+i\sin 120°)^6 = \cos 720°+i\sin 720° = \cos 0°+i\sin 0° = 1$ （$\cos 0° = 1$，$\sin 0° = 0$））

⇦ ド・モアブルの定理
$(\cos\theta+i\sin\theta)^n = \cos n\theta+i\sin n\theta$

$= 1-\dfrac{1}{64} = \dfrac{64-1}{64} = \dfrac{63}{64}$ ……④″

④′と④″を④に代入して，

$\overrightarrow{P_0P_6} = 4 \times \dfrac{\frac{63}{64}}{\frac{1}{4}(5-\sqrt{3}i)} = \dfrac{16\times 63}{64}\cdot\dfrac{1}{5-\sqrt{3}i}$

$= \dfrac{63}{4}\times\dfrac{5+\sqrt{3}i}{(5-\sqrt{3}i)(5+\sqrt{3}i)} = \dfrac{9}{16}(5+\sqrt{3}i)$ ← これが，P_6を表す複素数

⇦ $\dfrac{63}{4}\times\dfrac{5+\sqrt{3}i}{25-3i^2} = \dfrac{63}{4}\times\dfrac{5+\sqrt{3}i}{28} = \dfrac{9(5+\sqrt{3}i)}{16}$

よって，P_6を表す複素数は，

$\dfrac{45}{16}+\dfrac{9\sqrt{3}}{16}i$ である。 ………………(答)(カキ，ク，ケ)

ベクトルや等比数列の和の公式なども使う融合問題で，レベルの高い問題だったけれど，頻出問題なので，ここでシッカリマスターしておこう。

講義 9 ● 複素数平面　公式エッセンス

1. 絶対値

$\alpha = a + bi$ のとき，$|\alpha| = \sqrt{a^2 + b^2}$ ← これは，原点 0 と点 α との間の距離を表す。

2. 共役複素数と絶対値の公式

(1) $\overline{\alpha \pm \beta} = \overline{\alpha} \pm \overline{\beta}$　(2) $\overline{\alpha \times \beta} = \overline{\alpha} \times \overline{\beta}$　(3) $\overline{\left(\dfrac{\alpha}{\beta}\right)} = \dfrac{\overline{\alpha}}{\overline{\beta}}$

(4) $|\alpha| = |\overline{\alpha}| = |-\alpha| = |-\overline{\alpha}|$　(5) $|\alpha|^2 = \alpha\overline{\alpha}$

3. 実数条件と純虚数条件

(i) α が実数 $\Leftrightarrow$ $\alpha = \overline{\alpha}$　(ii) α が純虚数 $\Leftrightarrow$ $\alpha + \overline{\alpha} = 0$　$(\alpha \neq 0)$

4. 2 点間の距離

$\alpha = a + bi$,　$\beta = c + di$ のとき，2 点 α，β 間の距離は，

$|\alpha - \beta| = \sqrt{(a-c)^2 + (b-d)^2}$

5. 複素数の積と商

$z_1 = r_1(\cos\theta_1 + i\sin\theta_1)$,　$z_2 = r_2(\cos\theta_2 + i\sin\theta_2)$ のとき，

(1) $z_1 \times z_2 = r_1 r_2\{\cos(\theta_1 + \theta_2) + i\sin(\theta_1 + \theta_2)\}$

(2) $\dfrac{z_1}{z_2} = \dfrac{r_1}{r_2}\{\cos(\theta_1 - \theta_2) + i\sin(\theta_1 - \theta_2)\}$

6. 積と商の絶対値

(1) $|\alpha\beta| = |\alpha||\beta|$　(2) $\left|\dfrac{\alpha}{\beta}\right| = \dfrac{|\alpha|}{|\beta|}$

7. ド・モアブルの定理

$(\cos\theta + i\sin\theta)^n = \cos n\theta + i\sin n\theta$　(n：整数)

8. 内分点，外分点，三角形の重心の公式，および円の方程式は，ベクトルと同様である。

9. 垂直二等分線とアポロニウスの円

$|z - \alpha| = k|z - \beta|$ をみたす動点 z の軌跡は，

(i) $k = 1$ のとき，線分 $\alpha\beta$ の**垂直二等分線**。

(ii) $k \neq 1$ のとき，**アポロニウスの円**。

10. 回転と拡大（縮小）の合成変換

$\dfrac{w - \alpha}{z - \alpha} = r(\cos\theta + i\sin\theta)$　$(z \neq \alpha)$

$\Leftrightarrow$ 点 w は，点 z を点 α のまわりに θ だけ回転し，r 倍に拡大（縮小）した点である。

式と曲線

2次曲線・媒介変数・極座標までマスターしよう!

▶ 2次曲線（放物線・だ円・双曲線）

▶媒介変数表示された曲線

▶極座標と極方程式

講義10 式と曲線（数学C）

それでは，最後のテーマである，"**式と曲線**"についても解説しよう。これも，数学**C**の範囲なので，共通テストで選択する人は少ないと思う。しかし，同じ年の共通テストであっても，選択問題によって難易度の差がかなり大きいこともよくあるので，もし，この"**式と曲線**"の問題を見て，直感的に易しいと判断したならば，これを選択してもよいと思う。

また，共通テスト数学**II**・**B**・**C**を受験する人は理系志望の方がほとんどだと思うので，**2**次試験対策としても，この"**式と曲線**"はシッカリマスターしておく必要があるんだね。

この"**式と曲線**"についても，共通テストレベルの典型的な良問ばかりを集めて詳しく丁寧に解説するので，楽しみながら実力を身につけていくことができると思う。

それでは，この"**式と曲線**"で扱う主なテーマを下に示しておこう。

- **2**次曲線（放物線，だ円，双曲線）の基本問題
- **2**次曲線の応用問題（だ円に内接する長方形の面積問題など）
- 媒介変数表示された曲線（サイクロイド曲線，アステロイド曲線など）
- 極座標の基本問題
- 極座標と極方程式

どう？結構レベルが高そうだって感じるかも知れないね。でも，いずれも図形と関係した問題ばかりだから，式と曲線（グラフ）の関係がヴィジュアル（視覚的）に理解できるので，学習していて，むしろ面白く感じるようになるはずだ。

今回も，様々な"**式と曲線**"の具体的な問題を解きながら，分かりやすく講義していくので，すべてマスターできると思う。だから，心配はいりません。

それでは，これから早速講義を始めよう！

● 放物線と双曲線の基本問題から始めよう！

まず，次の問題で，放物線の焦点と準線を，また双曲線の 2 つの焦点を求めてみよう。それぞれ，平行移動が分かる形に変形することもポイントだね。

演習問題 79	制限時間 6 分	難易度	CHECK1	CHECK2	CHECK3

(1) 放物線 $y^2-8x-2y=7$ ……① を変形すると，

$(y-\boxed{ア})^2=4\cdot\boxed{イ}\cdot(x+\boxed{ウ})$ である。よって，

①の焦点 F は，$F(\boxed{エ},\ \boxed{オ})$ であり，準線の方程式は，$x=\boxed{カキ}$ である。

(2) 双曲線 $x^2-2y^2-2x+8y=11$ ……② を変形すると，

$\dfrac{(y-\boxed{ク})^2}{\boxed{ケ}}-\dfrac{(y-\boxed{コ})^2}{\boxed{サ}}=1$ である。よって，

②の 2 つの焦点 F と F′ の座標は，$F(\sqrt{\boxed{シ}}+\boxed{ス},\ \boxed{セ})$，

$F'(-\sqrt{\boxed{シ}}+\boxed{ス},\ \boxed{セ})$ であり，この漸近線で傾きが正のものの

方程式は，$y=\dfrac{\boxed{ソ}}{2}x+\dfrac{\sqrt{\boxed{タ}}-\boxed{チ}}{2}$ である。

Babaのレクチャー

放物線と双曲線の基本事項を下に示そう。

(1) 放物線

(i) $\boxed{x^2=4py}$ $(p\neq 0)$

・頂点：原点 $(0,\ 0)$・対称軸：$x=0$

・焦点 $F(0,\ p)$　　・準線：$y=-p$

・曲線上の点を Q とおくと $\boxed{QF=QH}$

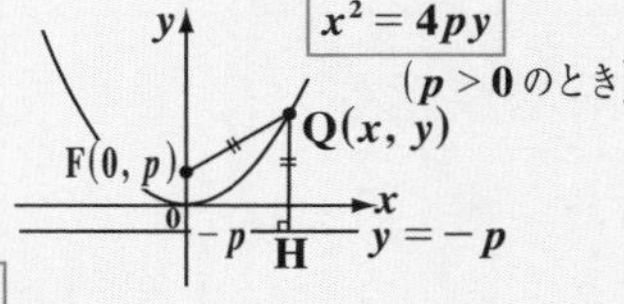

(ii) $\boxed{y^2=4px}$ $(p\neq 0)$

・頂点：原点 $(0,\ 0)$・対称軸：$y=0$

・焦点 $F(p,\ 0)$　　・準線：$x=-p$

・曲線上の点を Q とおくと $\boxed{QF=QH}$

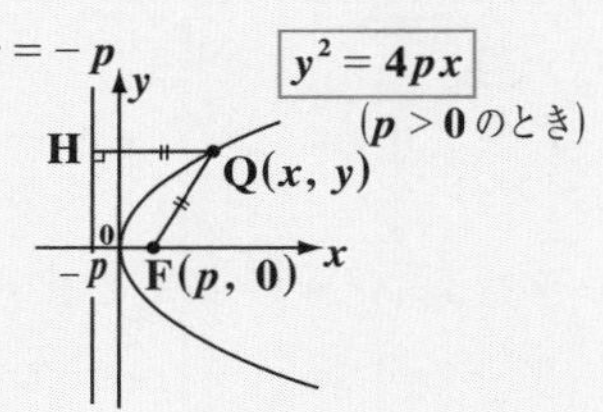

(2) 双曲線

（左右の双曲線）

（i）$\boxed{\dfrac{x^2}{a^2}-\dfrac{y^2}{b^2}=1}$ $(a>0,\ b>0)$

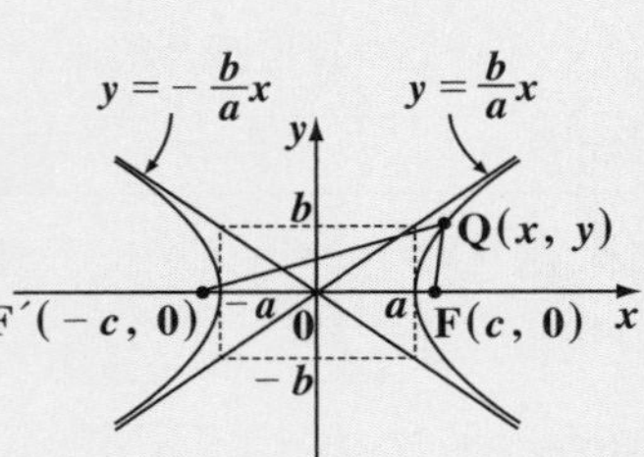

・中心：原点 $(0,\ 0)$

・頂点 $(a,\ 0)$，$(-a,\ 0)$

・焦点 $F(c,\ 0)$，$F'(-c,\ 0)$
$(c=\sqrt{a^2+b^2})$

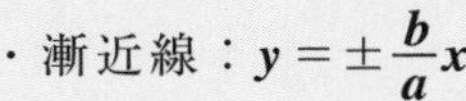

・漸近線：$y=\pm\dfrac{b}{a}x$

・曲線上の点を Q とおくと，$\boxed{|QF-QF'|=2a}$

（この条件の下，動く動点 Q の軌跡が，左右の（または，上下の）双曲線になるんだね。）

（上下の双曲線）

（ii）$\boxed{\dfrac{x^2}{a^2}-\dfrac{y^2}{b^2}=-1}$ $(a>0,\ b>0)$

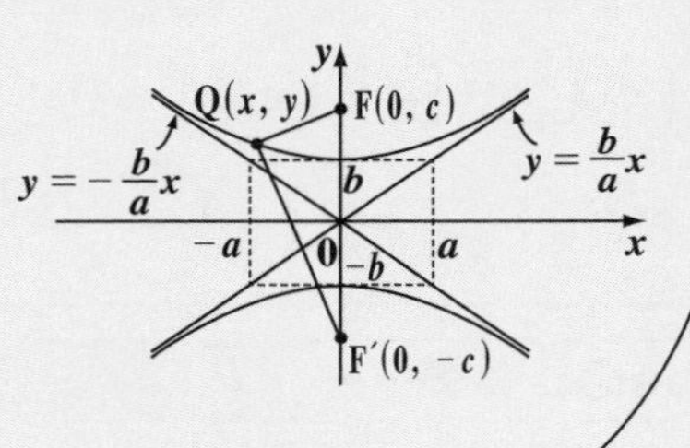

・中心：原点 $(0,\ 0)$

・頂点 $(0,\ b)$，$(0,\ -b)$

・焦点 $F(0,\ c)$，$F'(0,\ -c)$
$(c=\sqrt{a^2+b^2})$

・漸近線：$y=\pm\dfrac{b}{a}x$

・曲線上の点を Q とおくと，$\boxed{|QF-QF'|=2b}$

解答＆解説

(1) 放物線：$y^2-8x-2y=7$ ……① を変形して，

$\underbrace{y^2-2y+1}_{(y-1)^2}=\underbrace{8x+7+1}_{8(x+1)=4\cdot2\cdot(x+1)}$ より，

$(y-1)^2=4\cdot2\cdot(x+1)$ ……①′ となる。

………(答)(ア，イ，ウ)

放物線 $y^2=4\cdot2\cdot x$ の焦点 F_0 は，$F_0(2,\ 0)$，
準線の方程式は，$x=-2$ である。そして，
① は，この $y^2=4\cdot2\cdot x$ を，$(-1,\ 1)$ だけ平行移動したものである。

ココがポイント

⇦ 放物線
$y^2=4px$ を $(x_1,\ y_1)$ だけ平行移動した
$(y-y_1)^2=4p(x-x_1)$ の形に，① を変形すればいいんだね。

⇦ 放物線 $y^2=4p\cdot x$ の
焦点 $F_0(p,\ 0)$，
準線 $x=-p$

よって，①の焦点 $\mathbf{F}$ は，$\mathbf{F}(1,\ 1)$ であり，

………(答)(エ，オ)

準線は，$x=-3$ である。………………(答)(カキ)

$F_0(2,\ 0) \to F(\underset{2-1}{1},\ \underset{0+1}{1})$，$x=-2 \to x=\underset{-2-1}{-3}$

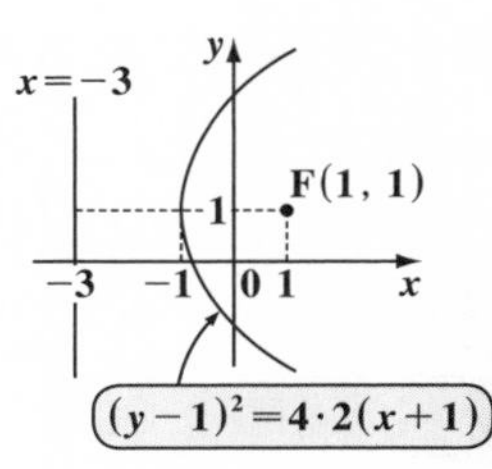

(2) 双曲線：$x^2-2y^2-2x+8y=11$ ……② を変形して，

$(x^2-2x+1)-2(y^2-4y+4)=11+1-8$

$(x-1)^2-2(y-2)^2=4$

$\therefore \dfrac{(x-1)^2}{4}-\dfrac{(y-2)^2}{2}=1$ ……②′ となる。

………(答)(ク，ケ，コ，サ)

⇦ ②′ は，左右の双曲線 $\dfrac{x^2}{2^2}-\dfrac{y^2}{(\sqrt{2})^2}=1$ を $(1,\ 2)$ だけ平行移動したものだね。

双曲線 $\dfrac{x^2}{2^2}-\dfrac{y^2}{(\sqrt{2})^2}=1$ ……②″ の 2 つの焦点 F_0 と F_0' は，$F_0(\sqrt{6},\ 0)$，$F_0'(-\sqrt{6},\ 0)$ であり，傾き

$\sqrt{6} = \sqrt{2^2+(\sqrt{2})^2}$

⇦ $\dfrac{x^2}{a^2}-\dfrac{y^2}{b^2}=1$ の 2 つの焦点 $F_0(c,\ 0)$，$F_0'(-c,\ 0)$ $(c=\sqrt{a^2+b^2})$ 傾きが正の漸近線 $y=\dfrac{b}{a}x$

が正の漸近線の方程式は，$y=\dfrac{\sqrt{2}}{2}x$ である。そして，②′ は，この双曲線②″を，$(1,\ 2)$ だけ平行移動したものである。

よって，②′，すなわち②の焦点は $F(\sqrt{6}+1,\ 2)$，$F'(-\sqrt{6}+1,\ 2)$ であり，…………(答)(シ，ス，セ)

この漸近線で傾きが正のものの方程式は，

$y-2=\dfrac{\sqrt{2}}{2}(x-1)$ より，$y=\dfrac{\sqrt{2}}{2}x+\dfrac{4-\sqrt{2}}{2}$ である。

………(答)(ソ，タ，チ)

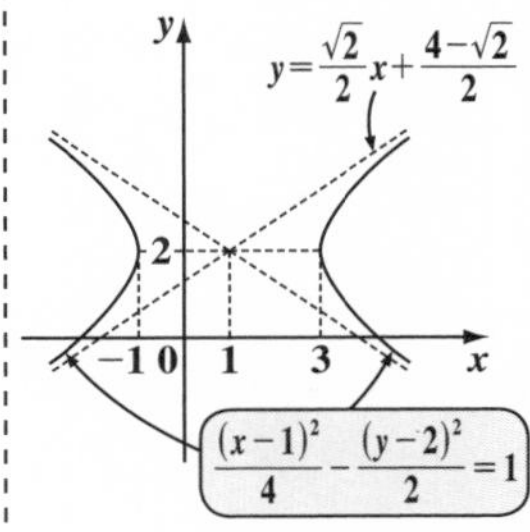

平行移動の要素が入った放物線と双曲線の基本問題だったんだね。正確に結果が出せるように，練習しよう。

● だ円と交線や接線の問題も解いてみよう！

では次，だ円の問題も解いてみよう。今回も，平行移動の要素が入っただ円の問題だけれど，今回は，このだ円と交わる交線の交点や，だ円と接する接線の傾きについても計算してみよう。

演習問題 80	制限時間 9 分	難易度 ☆☆	CHECK 1	CHECK 2	CHECK 3

だ円 $x^2+9y^2-10x-18y+25=0$ ……① の 2 つの焦点 F と F′ の座標は，

$F\left(\boxed{ア}\sqrt{\boxed{イ}}+\boxed{ウ},\ \boxed{エ}\right)$，$F'\left(-\boxed{ア}\sqrt{\boxed{イ}}+\boxed{ウ},\ \boxed{エ}\right)$ である。

(1) ①のだ円と直線 $y=\dfrac{1}{2}x$ ……② との交点の座標は，$\left(\boxed{オ},\ \boxed{カ}\right)$ と

$\left(\dfrac{\boxed{キク}}{\boxed{ケコ}},\ \dfrac{\boxed{サシ}}{\boxed{スセ}}\right)$ である。

(2) 原点を通り，①のだ円と接する接線の方程式は，$y=\boxed{ソ}$ と，$y=\dfrac{\boxed{タ}}{\boxed{チ}}x$ である。

Babaのレクチャー

だ円についても，その基本を示しておこう。

(3) だ円：$\dfrac{x^2}{a^2}+\dfrac{y^2}{b^2}=1\quad(a>0,\ b>0)$

(i) $a>b$ のとき，横長だ円

・中心：原点 $(0,\ 0)$

・長軸の長さ $2a$，短軸の長さ $2b$

・焦点 $F(c,\ 0)$，$F'(-c,\ 0)$
$\left(c=\sqrt{a^2-b^2}\right)$

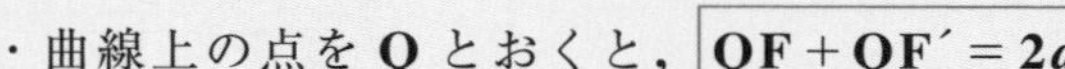

・曲線上の点を Q とおくと，$\boxed{QF+QF'=2a}$

(ii) $a<b$ のとき，たて長だ円

・中心：原点 $(0,\ 0)$

・長軸の長さ $2b$，短軸の長さ $2a$

・焦点 $F(0,\ c)$，$F'(0,\ -c)$
$\left(c=\sqrt{b^2-a^2}\right)$

・曲線上の点を Q とおくと，$\boxed{QF+QF'=2b}$

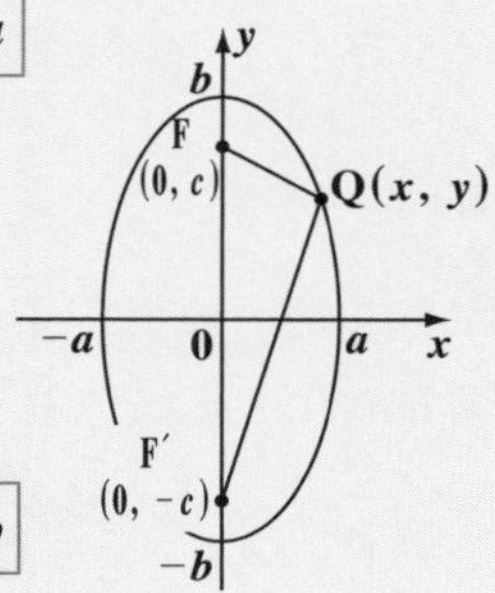

解答＆解説

だ円 $x^2+9y^2-10x-18y+25=0$ ……① を変形して，

$(x^2-10x+25)+9(y^2-2y+1)=9$

$(x-5)^2+9(y-1)^2=9$ より，

$\dfrac{(x-5)^2}{9}+(y-1)^2=1$ ……①′ となる。

だ円 $\dfrac{x^2}{3^2}+\dfrac{y^2}{1^2}=1$ ……①″ の焦点 F_0 と $F_0{}'$ は，

$F_0(2\sqrt{2},\ 0)$，$F_0{}'(-2\sqrt{2},\ 0)$ である。そして，①′(す
（$\sqrt{3^2-1^2}=\sqrt{8}$）（$-\sqrt{3^2-1^2}=-\sqrt{8}$）

なわち①)は，この①″のだ円を，$(5,\ 1)$ だけ平行移動したものなので，

①のだ円の焦点 F と F′は，

$F(2\sqrt{2}+5,\ 1)$，$F'(-2\sqrt{2}+5,\ 1)$ である。………(答)

(ア，イ，ウ，エ)

(1) だ円：$\dfrac{(x-5)^2}{9}+(y-1)^2=1$ ……①′ と

直線：$y=\dfrac{1}{2}x$ ……………………………② との

交点の座標を求める。①′の両辺に，

9 をかけて，②を代入すると，

$(x-5)^2+9\left(\dfrac{1}{2}x-1\right)^2=9$

$x^2-10x+25+9\left(\dfrac{1}{4}x^2-x+1\right)=9$

$\dfrac{13}{4}x^2-19x+25=0$　両辺に 4 をかけて，

$13x^2-76x+100=0$　$(x-2)(13x-50)=0$

（1 ╲╱ −2，13 ╱╲ −50）

x=2が解なのは右上図より明らかなので，このように因数分解できることが，すぐに分かるはずだ。

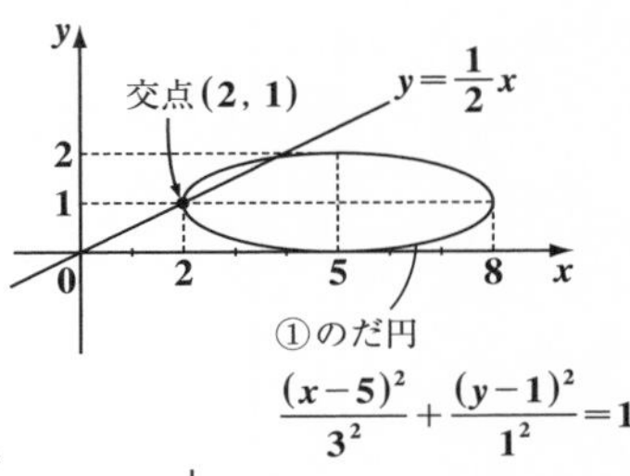

ココがポイント

⇦ だ円 $\dfrac{x^2}{a^2}+\dfrac{y^2}{b^2}=1$ を $(x_1,\ y_1)$ だけ平行移動した $\dfrac{(x-x_1)^2}{a^2}+\dfrac{(y-y_1)^2}{b^2}=1$ の形にまとめればいい。

⇦ $\dfrac{x^2}{3^2}+\dfrac{y^2}{1^2}=1$ (横長だ円) を $(5,\ 1)$ だけ平行移動したものが，①′すなわち①だね。

⇦ [上のグラフより，1 つの交点が $(2,\ 1)$ となることは，明らかだね。]

$\therefore x=2,\ \dfrac{50}{13}$　これらを②に代入して,

$y=\dfrac{1}{2}\times 2=1,\ y=\dfrac{1}{2}\times\dfrac{50}{13}=\dfrac{25}{13}$

よって, 求める①´と②の**2**つの交点の座標は,

$(2,\ 1),\ \left(\dfrac{50}{13},\ \dfrac{25}{13}\right)$ ………(答)

(オ, カ, キク, ケコ, サシ, スセ)

⇦ $\dfrac{(x-5)^2}{9}+(y-1)^2=1$…①´

$y=\dfrac{1}{2}x$…………………②

(2) 原点を通り, ①´のだ円と接する接線の方程式を $y=mx$ ……③ とおく。

①´に③を代入して, 両辺に**9**をかけると,

$(x-5)^2+9(mx-1)^2=9$

$x^2-10x+25+9(m^2x^2-2mx+\cancel{1})=\cancel{9}$

$(9m^2+1)x^2-2(9m+5)x+25=0$ ……④

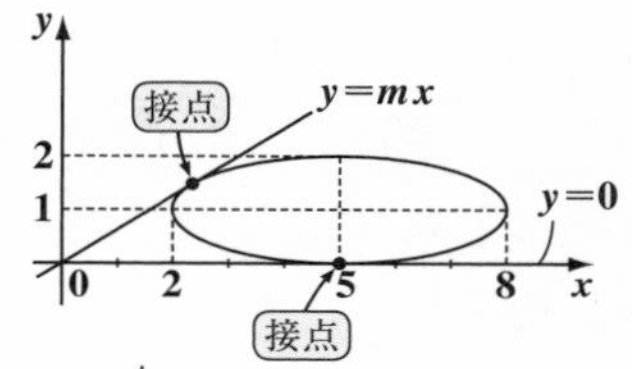

[このグラフより, **1**つの接線は, $y=0$ であることは明らかだね。]

④は, 接線と①´のだ円との接点の x 座標を求める方程式なので, これは重解をもつ。よって, ④の判別式を D とおくと,

$\dfrac{D}{4}=\boxed{(9m+5)^2-(9m^2+1)\times 25=0}$ となる。

⇦ ④は, $ax^2-2b'x+c=0$ の形なので, この判別式を D とおくと, $\dfrac{D}{4}=b'^2-ac$ だね。

$81m^2+90m\cancel{+25}-225m^2\cancel{-25}=0$

$144m^2-90m=0$　両辺を**18**で割って,

$8m^2-5m=0$　　$m(8m-5)=0$

$\therefore m=0,\ \dfrac{5}{8}$

よって, これを③に代入して, 求める接線の方程式は, $y=0$ と, $y=\dfrac{5}{8}x$ である。……(答)(ソ, タ, チ)

これで, 放物線, だ円, 双曲線の基本問題の解説は終了です。これから, 様々な応用問題の解説に入っていこう。

● 様々なだ円や円の媒介変数表示の問題も解いてみよう！

では次，だ円や円を，媒介変数 θ を用いて表示すると，うまくいく問題を **3** 題，これから解いていくことにしよう。

演習問題 81	制限時間 7 分	難易度 ☆☆	CHECK 1	CHECK 2	CHECK 3

だ円 $\dfrac{x^2}{4}+\dfrac{y^2}{9}=1$ ……① の **2** つの焦点 **F** と **F′** の座標は，$\mathrm{F}\left(\boxed{\text{ア}},\ \sqrt{\boxed{\text{イ}}}\right)$，$\mathrm{F}'\left(\boxed{\text{ア}},\ -\sqrt{\boxed{\text{イ}}}\right)$ である。ここで，この①のだ円に内接し，x 軸と y 軸に平行な辺をもつ長方形 **L** について考える。

(1) 長方形 **L** の第 **1** 象限における①のだ円との接点の x 座標が **1** のとき，この接点の y 座標は $\dfrac{\boxed{\text{ウ}}\sqrt{\boxed{\text{エ}}}}{\boxed{\text{オ}}}$ であり，このときの長方形 **L** の面積を S_1 とおくと，$S_1=\boxed{\text{カ}}\sqrt{\boxed{\text{キ}}}$ である。

(2) ①のだ円上の第 **1** 象限における点の x，y 座標をそれぞれ $x=\boxed{\text{ク}}\cos\theta$，$y=\boxed{\text{ケ}}\sin\theta\ \left(0<\theta<\dfrac{\pi}{2}\right)$ とおく。そして，この点 $\left(\boxed{\text{ク}}\cos\theta,\ \boxed{\text{ケ}}\sin\theta\right)$ を，長方形 **L** の①のだ円との接点とおくと，この **L** の面積 S は，$S=\boxed{\text{コサ}}\sin2\theta\ \left(0<\theta<\dfrac{\pi}{2}\right)$ となる。よって，この S の最大値は $\boxed{\text{シス}}$ であり，そのときの第 **1** 象限の接点の座標は $\left(\sqrt{\boxed{\text{セ}}},\ \dfrac{\boxed{\text{ソ}}\sqrt{\boxed{\text{タ}}}}{\boxed{\text{チ}}}\right)$ である。

Babaのレクチャー

(1) 円の媒介変数 θ による表示

円：$x^2+y^2=r^2$ ……㋐ $(r>0)$ は，右図より，媒介変数 θ を用いて，$\begin{cases} x=r\cos\theta & \text{……㋑} \\ y=r\sin\theta & \text{……㋒} \end{cases}$ と表される。

これは，㋑と㋒を㋐に代入すると，

$r^2\cos^2\theta+r^2\sin^2\theta=r^2$ より，両辺を $r^2\ (>0)$ で割って，三角関数の基本公式 $\cos^2\theta+\sin^2\theta=1$ が導かれるからなんだね。したがって，たとえば，円の方程式 $(x-2)^2+(y+1)^2=9$ …㋓ が与えられた場合，θ による媒介変数表示は，

$\begin{cases} x = \underline{3\cos\theta + 2} & \cdots\cdots ㋔ \\ y = \underline{3\sin\theta - 1} & \cdots\cdots ㋕ \end{cases}$ となる。なぜなら，㋔，㋕を元の

$(x-2)^2+(y+1)^2=9$ に代入すると，

$(3\cos\theta + \cancel{2} - \cancel{2})^2 + (3\sin\theta - \cancel{1} + \cancel{1})^2 = 9$　$9\cos^2\theta + 9\sin^2\theta = 9$ より，

公式 $\cos^2\theta + \sin^2\theta = 1$ が導かれるからなんだね。要領を覚えた？

(2) だ円の媒介変数 θ による表示

だ円 $\frac{x^2}{a^2} + \frac{y^2}{b^2} = 1$ ……㋖ $(a>0,\ b>0)$ は，

媒介変数 θ を用いて，

$\begin{cases} x = a\cos\theta & \cdots\cdots ㋗ \\ y = b\sin\theta & \cdots\cdots ㋘ \end{cases}$ と表される。

これは，横長だ円 $(a>b>0)$

これは，θ とは異なる別の角なんだね。

これは，㋗と㋘を㋖に代入すると，

$\frac{\cancel{a^2}\cos^2\theta}{\cancel{a^2}} + \frac{\cancel{b^2}\sin^2\theta}{\cancel{b^2}} = 1$ より，公式 $\cos^2\theta + \sin^2\theta = 1$ が導かれるか

らなんだね。したがって，たとえば，$\frac{(x+2)^2}{25} + \frac{(y-1)^2}{9} = 1$ ……㋙

が与えられた場合，この θ による媒介変数表示は，

$\begin{cases} x = \underline{5\cos\theta - 2} & \cdots\cdots ㋚ \\ y = \underline{3\sin\theta + 1} & \cdots\cdots ㋛ \end{cases}$ となる。なぜなら，㋚と㋛を㋙に代入すると，

$\frac{(5\cos\theta - \cancel{2} + \cancel{2})^2}{25} + \frac{(3\sin\theta + \cancel{1} - \cancel{1})^2}{9} = 1$ より，$\frac{\cancel{25}\cos^2\theta}{\cancel{25}} + \frac{\cancel{9}\sin^2\theta}{\cancel{9}} = 1$

よって，三角関数の基本公式 $\cos^2\theta + \sin^2\theta = 1$ が導かれるからなんだね。
以上で，円やだ円の媒介変数表示の要領も理解できたでしょう？

解答＆解説

ココがポイント

たて長だ円：$\frac{x^2}{2^2} + \frac{y^2}{3^2} = 1$ …① の焦点 F と F′ の座標は，

$F(0,\ \sqrt{5})$ と $F'(0,\ -\sqrt{5})$ である。………(答)(ア，イ)　⇦

$(\sqrt{5} = \sqrt{3^2 - 2^2})$

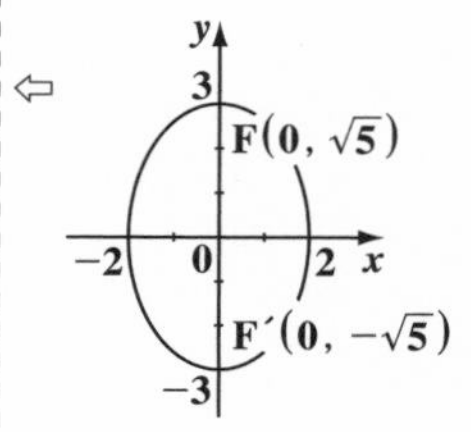

①のだ円に内接し，x 軸と y 軸に平行な辺をもつ長方形を L とおく。

(1) $x=1$ のとき，①より，$\frac{1}{4} + \frac{y^2}{9} = 1$　$\frac{y^2}{9} = \frac{3}{4}$

$y^2=\dfrac{27}{4}$ より，$y>0$ のとき，$y=\dfrac{3\sqrt{3}}{2}$ となる。

よって，長方形 L と①のだ円との第 1 象限における接点の x 座標が $x=1$ のとき，$y=\dfrac{3\sqrt{3}}{2}$ である。
………(答)(ウ，エ，オ)

このときの長方形 L の面積 S_1 は，

$S_1=4\times1\times\dfrac{3\sqrt{3}}{2}=6\sqrt{3}$ である。……(答)(カ，キ)

(2) 右図に示すように，長方形 L と①のだ円の接点を $(x,\ y)$ とおくと，$\begin{cases} x=2\cos\theta \\ y=3\sin\theta \end{cases}$ ……② $\left(0<\theta<\dfrac{\pi}{2}\right)$
………(答)(ク，ケ)

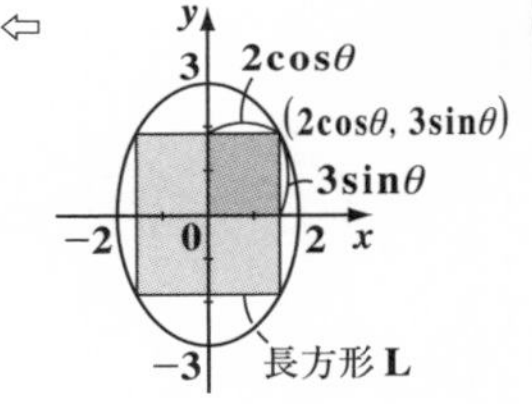

とおける。よって，このときの L の面積 S は，②より，

$S=4\times2\cos\theta\times3\sin\theta=12\times\underbrace{2\sin\theta\cdot\cos\theta}_{\sin2\theta}$ ← 2倍角の公式

$=12\sin2\theta$ ……③ $(0<2\theta<\pi)$ ……(答)(コサ)

よって，$2\theta=\dfrac{\pi}{2}$ のとき，S は最大値

$S=12\times1=12$ となる。………………(答)(シス)

ここで，$\theta=\dfrac{\pi}{4}$ を②に代入すると，

$x=2\times\dfrac{1}{\sqrt{2}}=\sqrt{2}$，$y=3\times\dfrac{1}{\sqrt{2}}=\dfrac{3\sqrt{2}}{2}$ より，

L と①の接点の座標は，$\left(\sqrt{2},\ \dfrac{3\sqrt{2}}{2}\right)$ である。
………(答)(セ，ソ，タ，チ)

今回は，たて長だ円の媒介変数表示の問題だったんだね。導入に従えば，ムリなく解けたと思う。今回の Babaのレクチャー で基本的な手法は解説したので，さらに，円やだ円の媒介変数表示の問題を解いてみよう。

演習問題 82	制限時間 6 分	難易度 ★★	CHECK 1	CHECK 2	CHECK 3

動点 $P(x, y)$ が，だ円 E：$\dfrac{(x+1)^2}{9}+\dfrac{y^2}{4}=1$ ……① の周上を動くとき，x と y を媒介変数 θ を用いて表すと，$\begin{cases} x=\boxed{ア}\cos\theta-\boxed{イ} \\ y=\boxed{ウ}\sin\theta \end{cases}$ …② $(0\leqq 2\theta<\pi)$ となる。

ここで，$w=x+y^2$ ……③ とおいて，w の最大値と最小値を求める。

②を③に代入して，$w=\boxed{エオ}\cos^2\theta+\boxed{カ}\cos\theta+\boxed{キ}$ ……④ $(0\leqq\theta<2\pi)$ となる。ここで，$\cos\theta=t$ とおいて，$w=f(t)$ とおくと，

$w=f(t)=\boxed{エオ}t^2+\boxed{カ}t+\boxed{キ}$

$=\boxed{クケ}\left(t-\dfrac{\boxed{コ}}{8}\right)^2+\dfrac{\boxed{サシ}}{\boxed{スセ}}$ …⑤ $(-1\leqq t\leqq 1)$ となる。よって，w は，

(i) $t=\dfrac{\boxed{ソ}}{8}$ のとき，最大値 $w=\dfrac{\boxed{タチ}}{\boxed{ツテ}}$ をとり，

(ii) $t=\boxed{トナ}$ のとき，最小値 $w=\boxed{ニヌ}$ をとる。

ヒント！ 動点 $P(x, y)$ は，だ円 E の周上の点より，媒介変数 θ を用いて表すことができる。これを，$w=x+y^2$ に代入して，$\cos\theta=t$ とおくと，$w=f(t)$ は t の2次関数となり，定義域が $-1\leqq t\leqq 1$ より，w の最大値と最小値が求められるんだね。

解答＆解説

動点 $P(x, y)$ は，だ円 E：$\dfrac{(x+1)^2}{3^2}+\dfrac{y^2}{2^2}=1$ ……①

上の点より，x, y は媒介変数 θ を用いて，

$\begin{cases} x=3\cos\theta-1 \\ y=2\sin\theta \end{cases}$ ……② $(0\leqq\theta<2\pi)$ となる。

………(答)(ア，イ，ウ)

ここで，$w=x+y^2$ ……③ とおいて，w の最大値と最小値を求める。②を③に代入して，

$w=\underline{3\cos\theta-1}+(2\sin\theta)^2$

$=3\cos\theta-1+4\sin^2\theta$
（$\sin^2\theta=(1-\cos^2\theta)$）

ココがポイント

⇦ ②を①に代入すると，

$\dfrac{(3\cos\theta-1+1)^2}{3^2}+\dfrac{(2\sin\theta)^2}{2^2}=1$

$\dfrac{3^2\cos^2\theta}{3^2}+\dfrac{2^2\sin^2\theta}{2^2}=1$

$\therefore\cos^2\theta+\sin^2\theta=1$ が導けるので，問題ないね。

⇦ $\cos^2\theta+\sin^2\theta=1$ より，
$\sin^2\theta=1-\cos^2\theta$

$\therefore\ w = 3\cos\theta - 1 + 4(1 - \cos^2\theta)$

$\quad = -4\cos^2\theta + 3\cos\theta + 3$ ……④ $(0 \leqq \theta < 2\pi)$

となる。 ……………………………(答)(エオ, カ, キ)

ここで, $\cos\theta = t$ とおくと, $-1 \leqq t \leqq 1$ であり, また,

$w = f(t)$ とおくと,

$w = f(t) = -4t^2 + 3t + 3$

$\quad = -4\left(t^2 - \dfrac{3}{4}t + \dfrac{9}{64}\right) + 3 + \dfrac{9}{16}$

$\therefore\ w = f(t) = -4\left(t - \dfrac{3}{8}\right)^2 + \dfrac{57}{16}$ ……⑤ $(-1 \leqq t \leqq 1)$

となる。……………………(答)(クケ, コ, サシ, スセ)

よって, 右のグラフより,

⇦ $-4t^2+3t+3$

$-4\left(t^2 - \dfrac{3}{4}t + \dfrac{9}{64}\right)$

2で割って2乗

$+3+\dfrac{9}{16}$

(i) $t = \dfrac{3}{8}$ のとき, w は, 最大値

$w = \dfrac{57}{16}$ をとる。……(答)(ソ, タチ, ツテ)

(ii) $t = -1$ のとき, w は, 最小値

$w = f(-1) = -4 \cancel{-3} \cancel{+3} = -4$ をとる。

………(答)(トナ, ニヌ)

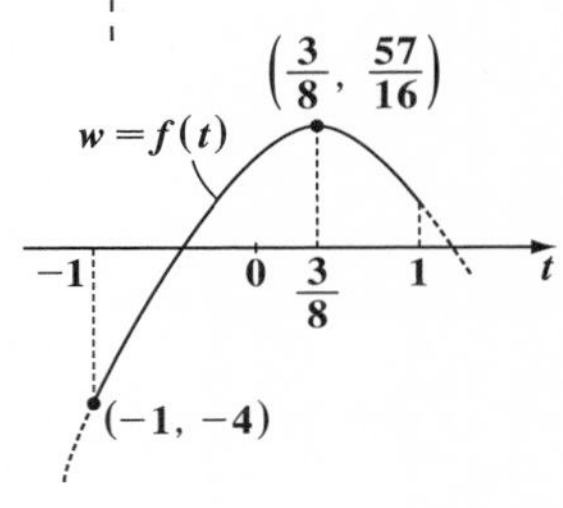

どう? うまく解けた? それでは, もう1題, この手の問題を解いてみよう。

演習問題 83	制限時間 8 分	難易度 ★★	CHECK 1	CHECK 2	CHECK 3

動点 $\mathbf{P}(x,\ y)$ が，円 $x^2+y^2=4$ ……① $(y \geqq 0)$ の周上を動くとき，x と y を媒介変数 θ を用いて表すと，$\begin{cases} x=2\cos\theta \\ y=2\sin\theta \end{cases}$ ……② $\left(\boxed{ア} \leqq \theta \leqq \pi\right)$ となる。

(1) $x=1$ のとき，$\theta=\dfrac{\pi}{\boxed{イ}}$ であり，$y=\sqrt{2}$ のとき，$\theta=\dfrac{\pi}{\boxed{ウ}}$ または $\theta=\dfrac{\boxed{エ}\pi}{\boxed{オ}}$ である。

(2) $w=x^2\cdot y$ ……③ とおき，$\sin\theta=t$ とおくと，w は t の関数として表され，

$w=f(t)=\boxed{カキ}t^{\boxed{ク}}+\boxed{ケ}t$ ……④ $\left(\boxed{コ} \leqq t \leqq \boxed{サ}\right)$

よって，w は，

(ⅰ) $t=\dfrac{\sqrt{\boxed{シ}}}{3}$，すなわち $x=\pm\dfrac{\boxed{ス}\sqrt{\boxed{セ}}}{3}$ のとき，

最大値 $w=\dfrac{\boxed{ソタ}\sqrt{\boxed{チ}}}{3}$ をとる。また，

(ⅱ) $t=\boxed{ツ}$ または $\boxed{テ}$，すなわち $x=\pm\boxed{ト}$ または $\boxed{ナ}$ のとき，

最小値 $w=\boxed{ニ}$ をとる。

ヒント！ $x^2+y^2=4$ $(y \geqq 0)$ より，これは，中心 $(0,\ 0)$，半径 2 の上半円を表すので，この θ による媒介変数表示は，$x=2\cos\theta$，$y=2\sin\theta$ $(0 \leqq \theta \leqq \pi)$ となるんだね。また，(2)では，$w=x^2\cdot y$ は，$\sin\theta=t$ とおくと，w は，t の 3 次関数 $w=f(t)$ $(0 \leqq t \leqq 1)$ で表されることになるんだね。

解答＆解説

$x^2+y^2=4$ ……① $(y \geqq 0)$ (原点中心，半径 2 の上半円) の周上の動点 $\mathbf{P}(x,y)$ の座標は，媒介変数 θ を用いて，

$\begin{cases} x=2\cos\theta \\ y=2\sin\theta \end{cases}$ ……② $(0 \leqq \theta \leqq \pi)$ となる。……(答)(ア)

(1)・$x=1$ のとき，②より，$\cos\theta=\dfrac{1}{2}$ $(0 \leqq \theta \leqq \pi)$

$\therefore \theta=\dfrac{\pi}{3}$ ……………………………………(答)(イ)

ココがポイント

⇦ 上半円

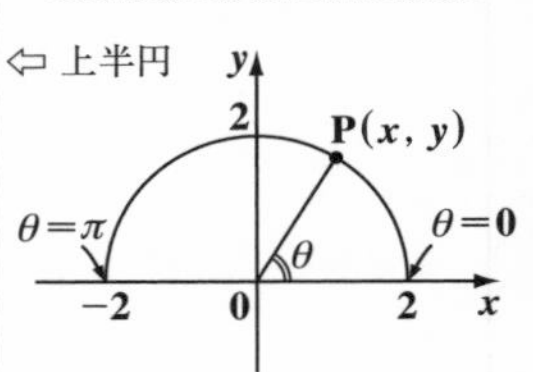

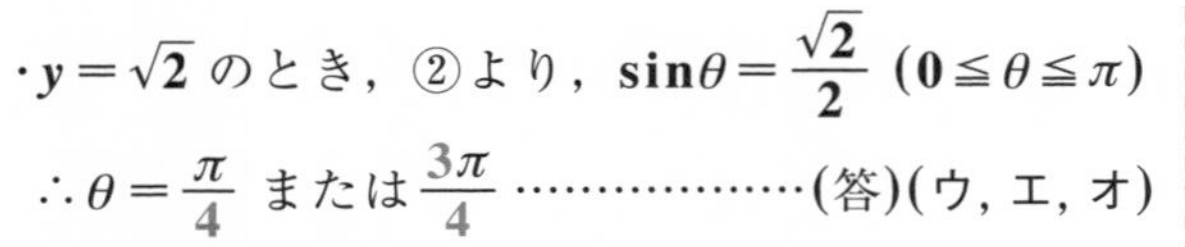

・$y=\sqrt{2}$ のとき，②より，$\sin\theta=\dfrac{\sqrt{2}}{2}\ (0\leqq\theta\leqq\pi)$

$\therefore\ \theta=\dfrac{\pi}{4}$ または $\dfrac{3\pi}{4}$ ………………（答）（ウ，エ，オ）

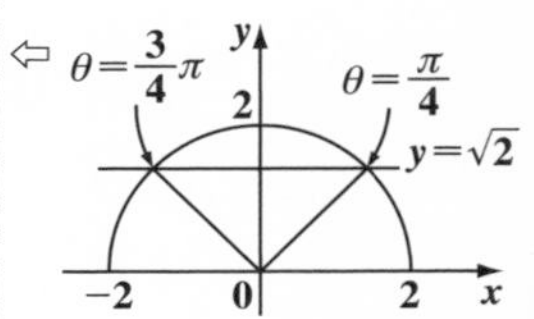

(2) $w=x^2\cdot y$ ……③に②を代入して，

$x^2=(2\cos\theta)^2$，$y=2\sin\theta$

$w=4\cos^2\theta\cdot2\sin\theta=8(\sin\theta-\sin^3\theta)$　　⇦ $w=f(t)=8(t-t^3)$

（$\cos^2\theta=1-\sin^2\theta$，$\sin\theta=t$，$\sin^3\theta=t^3$）

ここで，$\sin\theta=t$ とおくと，$0\leqq\theta\leqq\pi$ より，

$0\leqq t\leqq1$

よって，$w=f(t)$ とおくと，

$w=f(t)=-8t^3+8t$ ……④ $(0\leqq t\leqq1)$

………（答）（カキ，ク，ケ，コ，サ）

⇦ $w=f(t)$ は，t の 3 次関数（$w=f(t)$ は奇関数：原点対称なグラフ）

④を t で微分すると，

$w'=f'(t)=-24t^2+8=-8(3t^2-1)$

ここで，$f'(t)=0$ のとき，$3t^2-1=0$

$\therefore\ t=\dfrac{1}{\sqrt{3}}=\dfrac{\sqrt{3}}{3}$　　⇦ $0\leqq t\leqq1$ より，$t=-\dfrac{1}{\sqrt{3}}$ は考えない。

$w=f(t)$ の増減表 $(0\leqq t\leqq1)$

t	0		$\frac{1}{\sqrt{3}}$		1
$f'(t)$		$+$	0	$-$	
$f(t)$	0（最小値）	↗	最大値	↘	0（最小値）

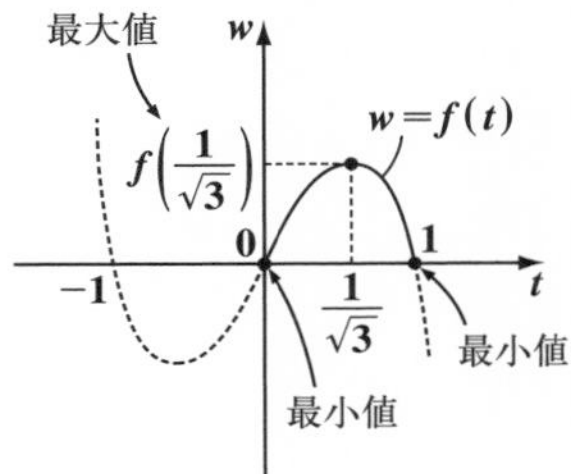

よって，$w=f(t)\ (0\leqq t\leqq1)$ のグラフは右のようになる。これから，w の最大値と最小値は次のように求められる。

(i) $t=\frac{\sqrt{3}}{3}\left(=\frac{1}{\sqrt{3}}\right)$ のとき，すなわち，…(答)(シ)

$y=2t=\frac{2}{\sqrt{3}}$ より，①から，

$x^2=\frac{8}{3}$ $\therefore x=\pm\frac{2\sqrt{2}}{\sqrt{3}}=\pm\frac{2\sqrt{6}}{3}$ のとき，wは，

………(答)(ス，セ)

最大値 $w=f\left(\frac{1}{\sqrt{3}}\right)=8\left\{\frac{1}{\sqrt{3}}-\left(\frac{1}{\sqrt{3}}\right)^3\right\}$

$=\frac{16\sqrt{3}}{9}$ をとる。……(答)(ソタ，チ)

(ii) $t=0$，1 のとき，すなわち，………(答)(ツ，テ)

$x=\pm2$ または 0 のとき，wは，…(答)(ト，ナ)

最小値 $w=f(0)=f(1)=0$ をとる。…(答)(ニ)

⇦ $y=2\sin\theta=2t$

⇦ ①より，$x^2+\left(\frac{2}{\sqrt{3}}\right)^2=4$
$x^2=4-\frac{4}{3}$

⇦ $8\left(\frac{1}{\sqrt{3}}-\frac{1}{3\sqrt{3}}\right)$
$=8\cdot\frac{2}{3\sqrt{3}}$
$=\frac{16\sqrt{3}}{9}$

⇦ $y=2t=0,\ 2$
$x^2+0^2=4,\ x^2+2^2=4$
$\therefore x=\pm2,\ 0$

この問題は，半円の媒介変数の問題と，3次関数の最大・最小問題の融合形式の問題だったんだね。実際の共通テストでは，このように増減表など丁寧に示す必要はない。$w=f(t)$ $(0\leqq t\leqq 1)$ のグラフの概形をサッと描いて，解答していけばいいんだね。

● サイクロイド曲線とアステロイド曲線の問題も押さえよう！

典型的な媒介変数表示された曲線として，

サイクロイド曲線 $\begin{cases} x = a(\theta - \sin\theta) \\ y = a(1 - \cos\theta) \end{cases}$ とアステロイド曲線 $\begin{cases} x = a\cos^3\theta \\ y = a\sin^3\theta \end{cases}$

(a：定数，θ：媒介変数)がある。これらの曲線についての問題も解いてみよう。

演習問題 84	制限時間 8 分	難易度 ★★	CHECK1	CHECK2	CHECK3

(1) サイクロイド曲線 C $\begin{cases} x = 2(\theta - \sin\theta) \\ y = 2(1 - \cos\theta) \end{cases}$

($0 \leqq \theta \leqq \pi$) のグラフを図(i)に示す。ここで，その辺が x 軸と y 軸に平行で，かつこの曲線 C と x 軸に内接する長方形を L_1 とおく。この L_1 のたての長さが 3 であるとき，曲線 C と L_1 との接点の x 座標は，

図(i) サイクロイド曲線 C

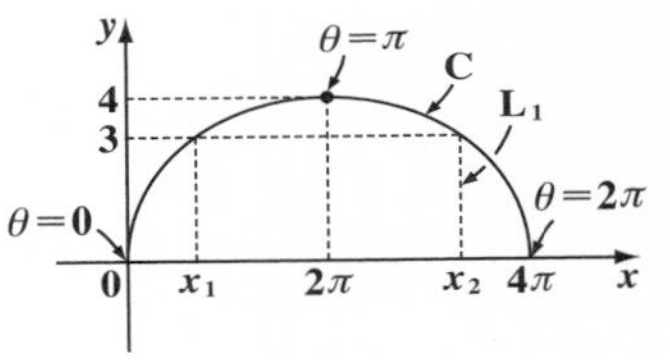

$x_1 = \dfrac{\boxed{ア}}{\boxed{イ}}\pi - \sqrt{\boxed{ウ}}$，$x_2 = \dfrac{\boxed{エ}}{\boxed{オ}}\pi + \sqrt{\boxed{カ}}$　$(x_1 < x_2)$

であり，この L_1 の面積を S_1 とおくと，$S_1 = \boxed{キ}\pi + \boxed{ク}\sqrt{\boxed{ケ}}$ である。

(2) アステロイド曲線 A $\begin{cases} x = 2\cos^3\theta \\ y = 2\sin^3\theta \end{cases}$

($0 \leqq \theta \leqq 2\pi$) のグラフを図(ii)に示す。ここで，その辺が x 軸と y 軸に平行で，かつこの曲線 A に内接する長方形を L_2 とおく。この L_2 の面積 S_2 を θ で表すと，$S_2 = \boxed{コ}\sin^{\boxed{サ}}2\theta$ となる。よって，$\theta = \dfrac{\pi}{\boxed{シ}}$ のとき，S_2 は最大値 $S_2 = \boxed{ス}$ をとる。

図(ii) アステロイド曲線 A

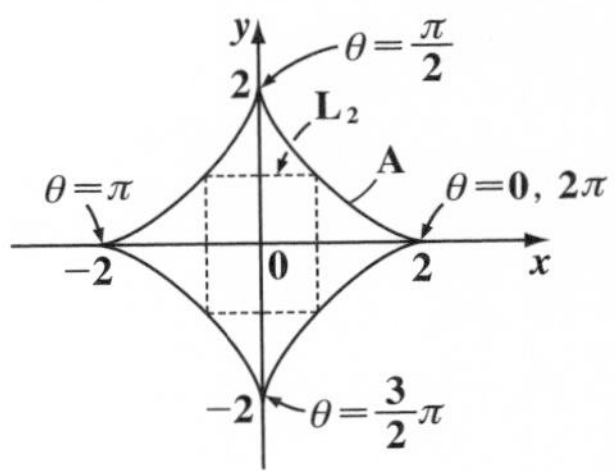

Babaのレクチャー

サイクロイド曲線とアステロイド曲線の基本を下に示そう。

(1) サイクロイド曲線

$$\begin{cases} x = a(\theta - \sin\theta) \\ y = a(1 - \cos\theta) \end{cases}$$

(θ：媒介変数，a：正の定数)

($0 \leqq \theta \leqq 2\pi$ の範囲でのこの曲線は，直線 $x=\pi a$ に関して，線対称なグラフになる。)

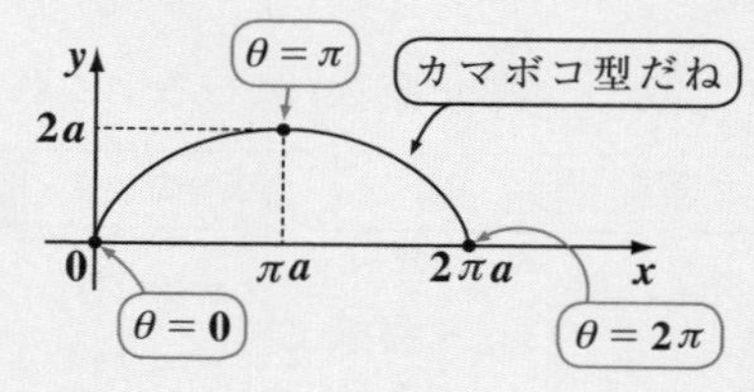

(2) アステロイド曲線

$$\begin{cases} x = a\cos^3\theta \\ y = a\sin^3\theta \end{cases}$$

(θ：媒介変数)

(a：正の定数)

($0 \leqq \theta \leqq 2\pi$ の範囲でのこの曲線は，x 軸と y 軸の両方に関して，線対称なグラフになる。)

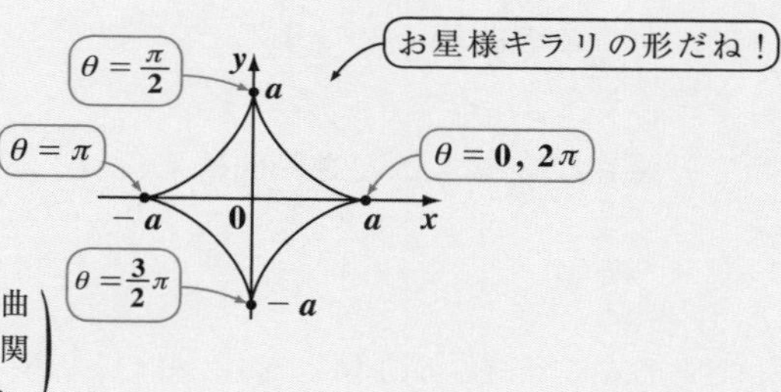

解答＆解説

ココがポイント

(1) サイクロイド曲線 $\begin{cases} x = 2(\theta - \sin\theta) \quad \cdots\cdots ① \\ y = 2(1 - \cos\theta) \quad \cdots\cdots ② \end{cases}$

$(0 \leqq \theta \leqq \pi)$ について，$y=3$ を②に代入して，

$3 = 2(1-\cos\theta) \qquad 3 = 2 - 2\cos\theta$

$\cos\theta = -\frac{1}{2}$ より，$\theta = \frac{2}{3}\pi,\ \frac{4}{3}\pi$ となる。

(i) $\theta = \frac{2}{3}\pi$ のとき，①より，

$x_1 = 2\left(\frac{2}{3}\pi - \sin\frac{2}{3}\pi\right) = \frac{4}{3}\pi - \sqrt{3}$ となり，（$\sin\frac{2}{3}\pi = \frac{\sqrt{3}}{2}$）

………(答)(ア，イ，ウ)

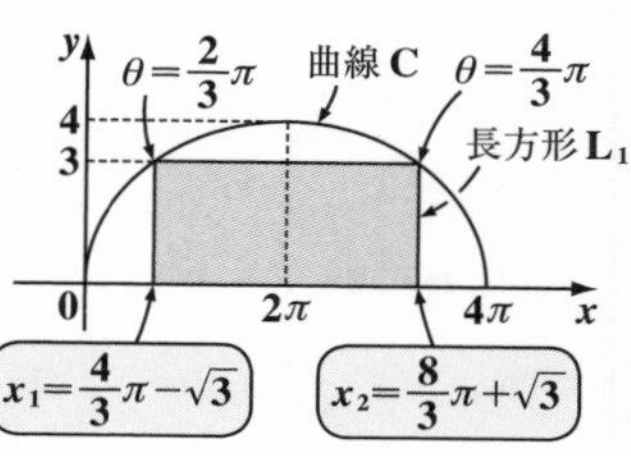

(ⅱ) $\theta=\frac{4}{3}\pi$ のとき，①より，

$$x_2=2\left(\frac{4}{3}\pi-\sin\frac{4}{3}\pi\right)=\frac{8}{3}\pi+\sqrt{3}$$ となる。

$\left(-\frac{\sqrt{3}}{2}\right)$ ………(答)(エ，オ，カ)

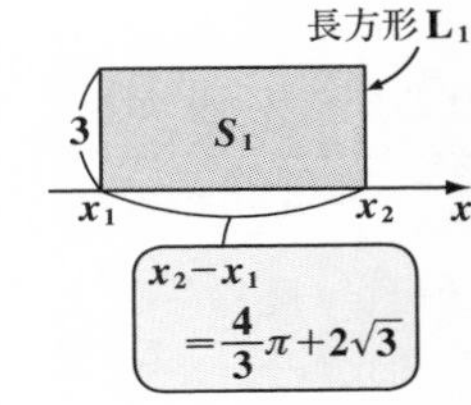

以上 (ⅰ)(ⅱ) より，求める長方形 L_1 の面積 S_1 は，

$S_1=3\times(x_2-x_1)=4\pi+6\sqrt{3}$ となる。

$\frac{8}{3}\pi+\sqrt{3}-\left(\frac{4}{3}\pi-\sqrt{3}\right)=\frac{4}{3}\pi+2\sqrt{3}$ ……(答)(キ，ク，ケ)

(2) アステロイド曲線 $\begin{cases} x=2\cos^3\theta \cdots ③ \\ y=2\sin^3\theta \cdots ④ \end{cases}$ $(0\leqq\theta\leqq\pi)$

について，長方形 L_2 とこの曲線との第1象限における接点を $P(x, y)$ とおくと，L_2 の面積 S_2 は，③，④より，

$$S_2=2x\times 2y=4\cdot\underbrace{2\cos^3\theta}_{x}\cdot\underbrace{2\sin^3\theta}_{y}=2(\underbrace{2\sin\theta\cos\theta}_{\sin 2\theta})^3$$

$\therefore S_2=2\sin^3 2\theta$ ……⑤ $\left(0<\theta<\frac{\pi}{2}\right)$ となる。

……(答)(コ，サ)

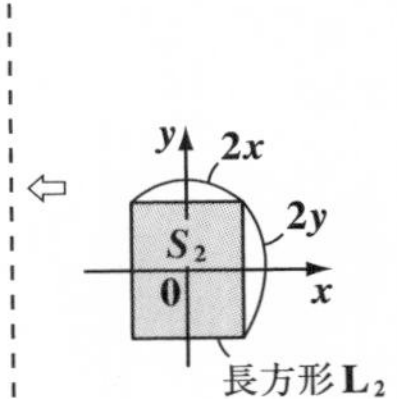

よって，⑤より，$2\theta=\frac{\pi}{2}$，すなわち，$\theta=\frac{\pi}{4}$ のとき，

S_2 は最大値 $S_2=2$ をとる。……………(答)(シ，ス)

これで，サイクロイド曲線とアステロイド曲線についても，その基本が理解できたと思う。

● 極座標と極方程式の基本問題も解いてみよう！

xy 座標平面上の点 $P(x, y)$ は，極座標平面上では，$P(r, \theta)$ で表すことができる。また，原点中心，半径 r_1 の円の方程式 $x^2+y^2=r_1{}^2$ は，極方程式では $r=r_1$ で表せるし，直線 $y=mx$ $(m=\tan\theta_1)$ の極方程式は，$\theta=\theta_1$ で表される。このような基本問題についても解いておこう。

演習問題 85	制限時間 5 分	難易度 ★	CHECK1	CHECK2	CHECK3

(1) xy 座標平面上の 2 点 $P(2, 2)$ と $Q(0, 6)$ を極座標で表すと，

$P\left(\boxed{ア}\sqrt{\boxed{イ}}, \dfrac{\pi}{\boxed{ウ}}\right)$，$Q\left(\boxed{エ}, \dfrac{\pi}{\boxed{オ}}\right)$ となる。(ただし，偏角 θ は，$-\pi \leqq \theta < \pi$ とする。)

(2) 極座標平面上の 3 点 $A\left(2\sqrt{3}, -\dfrac{5}{6}\pi\right)$，$B\left(2, \dfrac{2}{3}\pi\right)$，$C\left(4, -\dfrac{\pi}{6}\right)$ を，xy 座標で表すと，$A\left(\boxed{カキ}, -\sqrt{\boxed{ク}}\right)$，$B\left(\boxed{ケコ}, \sqrt{\boxed{サ}}\right)$，$C\left(\boxed{シ}\sqrt{\boxed{ス}}, \boxed{セソ}\right)$ となる。ここで，$\triangle ABC$ の面積 S を求めると，

$S=\boxed{タ}+\boxed{チ}\sqrt{\boxed{ツ}}$ である。

(3) 極方程式で表される 2 つの図形 C_1：$\theta=\dfrac{\pi}{3}$ と C_2：$r=3$ との交点の xy 座標は $\left(\pm\dfrac{\boxed{テ}}{\boxed{ト}}, \pm\dfrac{\boxed{ナ}\sqrt{\boxed{ニ}}}{\boxed{ヌ}}\right)$（複号同順）である。

Babaのレクチャー

xy 座標平面上の座標 (x, y) と，この極座標 (r, θ)（ただし，$-\pi \leqq \theta < \pi$）の意味とその変換公式を下に示そう。

(i) xy 座標　(ii) 極座標

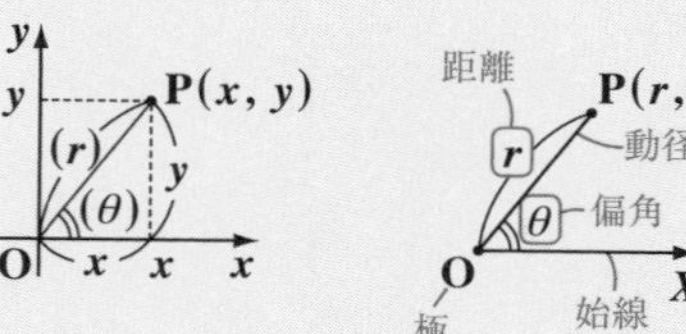

・$(r, \theta) \to (x, y)$ の変換

$$\begin{cases} x = r\cos\theta \\ y = r\sin\theta \end{cases}$$

・$(x, y) \to (r, \theta)$ の変換

$$\begin{cases} r = \sqrt{x^2+y^2} \\ \tan\theta = \dfrac{y}{x} \quad (x \neq 0) \end{cases}$$

解答＆解説

(1) xy 座標 → 極座標への変換を行うと，$(-\pi \leqq \theta < \pi)$

(i) P(2, 2) より，$r=\sqrt{2^2+2^2}=\sqrt{8}=2\sqrt{2}$

（xy 座標）

$\tan\theta=\frac{2}{2}=1 \quad \therefore \theta=\frac{\pi}{4}$

∴ P の極座標は，$P\left(2\sqrt{2},\ \frac{\pi}{4}\right)$

………(答)(ア，イ，ウ)

(ii) Q(0, 6) より，$r=\sqrt{0^2+6^2}=\sqrt{36}=6$

θ は明らかに，$\theta=\frac{\pi}{2}$

∴ Q の極座標は，$Q\left(6,\ \frac{\pi}{2}\right)$ ……(答)(エ，オ)

(2) 極座標 → xy 座標への変換を行うと，

(i) $A\left(2\sqrt{3},\ -\frac{5}{6}\pi\right)$ より，

（r）（θ）

$\begin{cases} x=r\cdot\cos\theta \\ y=r\cdot\sin\theta \end{cases}$

$x=2\sqrt{3}\cdot\cos\left(-\frac{5}{6}\pi\right)=2\sqrt{3}\times\left(-\frac{\sqrt{3}}{2}\right)=-3$

$y=2\sqrt{3}\cdot\sin\left(-\frac{5}{6}\pi\right)=2\sqrt{3}\times\left(-\frac{1}{2}\right)=-\sqrt{3}$

∴ A の xy 座標は，$A(-3,\ -\sqrt{3})$

………(答)(カキ，ク)

(ii) $B\left(2,\ \frac{2}{3}\pi\right)$ より，

$x=2\cdot\cos\frac{2}{3}\pi=2\times\left(-\frac{1}{2}\right)=-1$

$y=2\cdot\sin\frac{2}{3}\pi=2\times\frac{\sqrt{3}}{2}=\sqrt{3}$

∴ B の xy 座標は，$B(-1,\ \sqrt{3})$

………(答)(ケコ，サ)

ココがポイント

⇦ $(x,\ y)\to(r,\ \theta)$

$\begin{cases} r=\sqrt{x^2+y^2} \\ \tan\theta=\frac{y}{x} \quad (x \neq 0) \end{cases}$

（分母が **0** なので，これは定義できない。）

⇦ $\tan\theta=\frac{6}{0}$ となって，これは tan では表せないが，$\theta=\frac{\pi}{2}$ であることは，すぐに分かる。

（極座標）

$P\left(6,\ \frac{\pi}{2}\right)$

$\theta=\frac{\pi}{2}$

(iii) $\mathbf{C}\left(4,\ -\dfrac{\pi}{6}\right)$ より，

$$x=4\cdot\cos\left(-\frac{\pi}{6}\right)=4\times\frac{\sqrt{3}}{2}=2\sqrt{3}$$

$$y=4\cdot\sin\left(-\frac{\pi}{6}\right)=4\times\left(-\frac{1}{2}\right)=-2$$

∴ C の xy 座標は，$\mathbf{C}(2\sqrt{3},\ -2)$

………(答)(シ, ス, セソ)

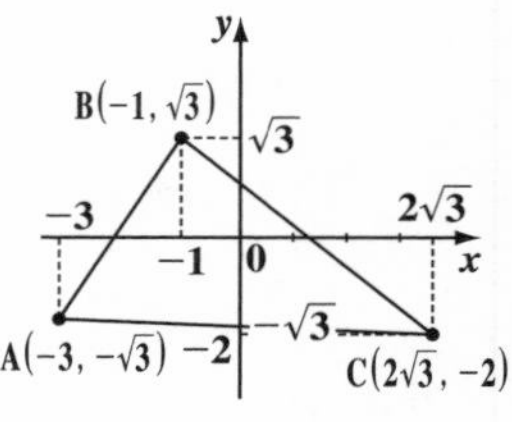

$\mathbf{A}(-3,\ -\sqrt{3})$，$\mathbf{B}(-1,\ \sqrt{3})$，$\mathbf{C}(2\sqrt{3},\ -2)$ より，

$$\begin{cases}\overrightarrow{AB}=\overrightarrow{OB}-\overrightarrow{OA}=(-1,\ \sqrt{3})-(-3,\ -\sqrt{3})=(2,\ 2\sqrt{3})\\ \overrightarrow{AC}=\overrightarrow{OC}-\overrightarrow{OA}=(2\sqrt{3},\ -2)-(-3,\ -\sqrt{3})=(2\sqrt{3}+3,\ -2+\sqrt{3})\end{cases}$$

となる。よって，△ABC の面積 S は，

$$S=\frac{1}{2}\left|\underbrace{2\times(-2+\sqrt{3})}_{x_1y_2}-\underbrace{(2\sqrt{3}+3)\times2\sqrt{3}}_{x_2y_1}\right|$$

$$=\frac{1}{2}\left|-4+2\sqrt{3}-12-6\sqrt{3}\right|=\frac{1}{2}(16+4\sqrt{3})$$

$=8+2\sqrt{3}$ となる。………………(答)(タ, チ, ツ)

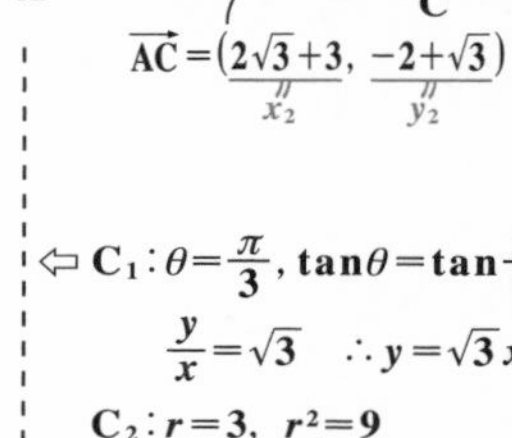

(3) (i) 極方程式 $C_1：\theta=\dfrac{\pi}{3}$ は，直線 $y=\sqrt{3}x$ …①

を表し，

(ii) 極方程式 $C_2：r=3$ は，円：$x^2+y^2=9$ …②

を表す。

⇦ $C_1：\theta=\dfrac{\pi}{3}$, $\tan\theta=\tan\dfrac{\pi}{3}$

$\dfrac{y}{x}=\sqrt{3}$ ∴ $y=\sqrt{3}x$

$C_2：r=3$, $\underbrace{r^2}_{x^2+y^2}=9$

∴ $x^2+y^2=9$

①を②に代入して，$x^2+3x^2=9$ 　$4x^2=9$

$x^2=\dfrac{9}{4}$ より，$x=\pm\sqrt{\dfrac{9}{4}}=\pm\dfrac{3}{2}$

これを①に代入して，$y=\sqrt{3}\times\left(\pm\dfrac{3}{2}\right)=\pm\dfrac{3\sqrt{3}}{2}$

∴ C_1 と C_2 の交点の座標は，$\left(\pm\dfrac{3}{2},\ \pm\dfrac{3\sqrt{3}}{2}\right)$

となる。……………………(答)(テ, ト, ナ, ニ, ヌ)

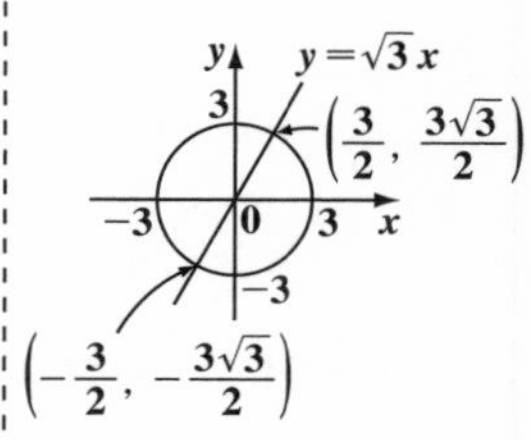

● 2次曲線の極方程式の問題にもトライしよう！

極方程式 $r=f(\theta)$ の形で，(i) だ円や (ii) 放物線や (iii) 双曲線を表すこともできる。この形の問題についても，ここで練習しておこう。

演習問題 86	制限時間 8 分	難易度	CHECK 1	CHECK 2	CHECK 3

(1) 極方程式 $r=\dfrac{1}{1-\frac{1}{2}\cos\theta}$ ……① を変形して，x と y の方程式を導くと，

だ円の方程式 $\dfrac{\left(x-\dfrac{\boxed{ア}}{\boxed{イ}}\right)^2}{\dfrac{\boxed{ウエ}}{\boxed{オ}}}+\dfrac{y^2}{\dfrac{\boxed{カ}}{\boxed{キ}}}=1$ となる。

(2) 極方程式 $r=\dfrac{2}{1+\cos\theta}$ ……② を変形して，x と y の方程式を導くと，

放物線の方程式 $y^2=\boxed{クケ}\left(x-\boxed{コ}\right)$ となる。

(3) 極方程式 $r=\dfrac{2}{1+2\cos\theta}$ ……③ を変形して，x と y の方程式を導くと，

双曲線の方程式 $\dfrac{\left(x-\dfrac{\boxed{サ}}{\boxed{シ}}\right)^2}{\dfrac{\boxed{ス}}{\boxed{セ}}}-\dfrac{y^2}{\dfrac{\boxed{ソ}}{\boxed{タ}}}=1$ となる。

Babaのレクチャー

2次曲線（だ円，放物線，双曲線）の極方程式について，次に示そう。

$r=f(\theta)$ 型

$r=\dfrac{k}{1-e\cos\theta}$ ……㋐ $\left[r=\dfrac{k}{1+e\cos\theta}\right.$ ……㋑$\left.\right]$ ← この形で出題されることもある。

(k：正の定数)

(e：離心率) $\begin{cases}(\text{i})\ 0<e<1 & \text{のとき，だ円} \\ (\text{ii})\ e=1 & \text{のとき，放物線} \\ (\text{iii})\ 1<e & \text{のとき，双曲線}\end{cases}$

解答＆解説

(1) 極方程式 $r=\dfrac{1}{1-\dfrac{1}{2}\cos\theta}$ ……① を変形して，

x と y の式に書き換えると，

$$r\left(1-\frac{1}{2}\cos\theta\right)=1 \qquad r-\frac{1}{2}\cdot\underbrace{r\cos\theta}_{x}=1$$

$r=1+\dfrac{1}{2}x$　この両辺を 2 乗して，

$$\underbrace{r^2}_{x^2+y^2}=\left(1+\frac{1}{2}x\right)^2 \qquad x^2+y^2=1+x+\frac{1}{4}x^2$$

$$\frac{3}{4}\left(x^2-\frac{4}{3}x+\frac{4}{9}\right)+y^2=1+\frac{1}{3}$$

両辺に $\dfrac{1}{3}$ をたした。

2で割って2乗

$\dfrac{3}{4}\left(x-\dfrac{2}{3}\right)^2+y^2=\dfrac{4}{3}$ より，だ円の方程式：

$\dfrac{\left(x-\dfrac{2}{3}\right)^2}{\dfrac{16}{9}}+\dfrac{y^2}{\dfrac{4}{3}}=1$ となる。……………………(答)

(ア，イ，ウエ，オ，カ，キ)

(2) 極方程式 $r=\dfrac{2}{1+\cos\theta}$ ……② を変形して，

x と y の式に書き換えると，

$$r(1+\cos\theta)=2 \qquad r+\underbrace{r\cos\theta}_{x}=2$$

$r=2-x$　この両辺を 2 乗して，

$\underbrace{r^2}_{x^2+y^2}=(2-x)^2 \qquad \cancel{x^2}+y^2=4-4x+\cancel{x^2}$ より，

ココがポイント

⇦ $r=\dfrac{k}{1-e\cos\theta}$ の $e=\dfrac{1}{2}$ より，これはだ円の方程式になる。

⇦ $\dfrac{3}{4}x^2-x+y^2=1$

$\dfrac{3}{4}\left(x^2-\dfrac{4}{3}x+\dfrac{4}{9}\right)+y^2=1+\dfrac{1}{3}$

⇦ $r=\dfrac{k}{1+e\cos\theta}$ の $e=1$ より，これは放物線の方程式を表している。

放物線の方程式：$y^2=-4(x-1)$ となる。…(答)

(クケ，コ)

(3) 極方程式 $r=\dfrac{2}{1+2\cos\theta}$ ……③ を変形して，

x と y の式に書き換えると，

$r(1+2\cos\theta)=2$　　$r+2\underbrace{r\cos\theta}_{x}=2$

$r=2-2x$　この両辺を 2 乗して，

$\underbrace{r^2}_{x^2+y^2}=(2-2x)^2$　　$x^2+y^2=4-8x+4x^2$

$3x^2-8x-y^2=-4$

$3\left(x^2-\dfrac{8}{3}x+\dfrac{16}{9}\right)-y^2=-4+\dfrac{16}{3}$ ← 両辺に $\dfrac{16}{3}$ をたした。

（2で割って2乗）

$3\left(x-\dfrac{4}{3}\right)^2-y^2=\dfrac{4}{3}$　両辺を $\dfrac{4}{3}$ で割って，

双曲線の方程式：

$\dfrac{\left(x-\dfrac{4}{3}\right)^2}{\dfrac{4}{9}}-\dfrac{y^2}{\dfrac{4}{3}}=1$ となる。 …………………(答)

(サ，シ，ス，セ，ソ，タ)

⇦ $r=\dfrac{k}{1+e\cos\theta}$ の $e=2$ より，これは双曲線を表す方程式になる。

どう？これで，極方程式 $r=\dfrac{k}{1\pm e\cos\theta}$ を，xy 座標系に変換すると，2 次曲線 (だ円，放物線，双曲線) の方程式になることが理解できたでしょう？後は，繰り返し解いて，制限時間内に答えを出せるように，頑張ろう！

講義10 ● 式と曲線　公式エッセンス

1. 放物線の公式

(ⅰ) $x^2 = 4py\ (p \neq 0)$ の場合，(ア) 焦点 $\mathrm{F}(0,\ p)$ (イ) 準線：$y = -p$

(ウ) $\boxed{\mathrm{QF} = \mathrm{QH}}$ (Q：曲線上の点，QH：Q と準線との距離)

(ⅱ) $y^2 = 4px\ (p \neq 0)$ の場合，(ア) 焦点 $\mathrm{F}(p,\ 0)$ (イ) 準線：$x = -p$

(ウ) $\boxed{\mathrm{QF} = \mathrm{QH}}$ (Q：曲線上の点，QH：Q と準線との距離)

2. だ円：$\dfrac{x^2}{a^2} + \dfrac{y^2}{b^2} = 1$ の公式

(ⅰ) $a > b$ の場合，(ア) 焦点 $\mathrm{F}(c,\ 0)$，$\mathrm{F}'(-c,\ 0)$ $(c = \sqrt{a^2 - b^2})$

(イ) $\boxed{\mathrm{QF} + \mathrm{QF}' = 2a}$ (Q：曲線上の点)

(ⅱ) $b > a$ の場合，(ア) 焦点 $\mathrm{F}(0,\ c)$，$\mathrm{F}'(0,\ -c)$ $(c = \sqrt{b^2 - a^2})$

(イ) $\boxed{\mathrm{QF} + \mathrm{QF}' = 2b}$ (Q：曲線上の点)

3. 双曲線の公式

(ⅰ) $\dfrac{x^2}{a^2} - \dfrac{y^2}{b^2} = 1$ の場合，(ア) 焦点 $\mathrm{F}(c,\ 0)$，$\mathrm{F}'(-c,\ 0)$ $(c = \sqrt{a^2 + b^2})$

(イ) 漸近線：$y = \pm\dfrac{b}{a}x$　(ウ) $\boxed{|\mathrm{QF} - \mathrm{QF}'| = 2a}$ (Q：曲線上の点)

(ⅱ) $\dfrac{x^2}{a^2} - \dfrac{y^2}{b^2} = -1$ の場合，(ア) 焦点 $\mathrm{F}(0,\ c)$，$\mathrm{F}'(0,\ -c)$ $(c = \sqrt{a^2 + b^2})$

(イ) 漸近線：$y = \pm\dfrac{b}{a}x$　(ウ) $\boxed{|\mathrm{QF} - \mathrm{QF}'| = 2b}$ (Q：曲線上の点)

4. アステロイド曲線の媒介変数表示

$x = a\cos^3\theta,\ y = a\sin^3\theta$ (θ：媒介変数，a：正の定数)

5. サイクロイド曲線の媒介変数表示

$x = a(\theta - \sin\theta),\ y = a(1 - \cos\theta)$ (θ：媒介変数，a：正の定数)

6. 座標の変換公式

(1) $\begin{cases} x = r\cos\theta \\ y = r\sin\theta \end{cases}$　　(2) $x^2 + y^2 = r^2$，$\dfrac{y}{x} = \tan\theta\ (x \neq 0)$

7. 極方程式は，r と θ の関係式。$r = f(\theta)$ の形のものが代表的。

2次曲線の極方程式 $r = \dfrac{k}{1 \pm e\cos\theta}$ (e：離心率)

◆◆◆ Appendix（付録）◆◆◆

● 数列の漸化式と証明問題にもチャレンジしよう！

次の数列の漸化式と不等式の証明の融合問題を解いてみよう。

補充問題 1	制限時間 8 分	難易度	CHECK 1	CHECK 2	CHECK 3

数列 $\{a_n\}$ が，$a_1=0$，$a_{n+1}=\dfrac{3a_n+2}{a_n+2}$ ……① $(n=1, 2, 3, \cdots)$ で定義されている。次の各問いに答えよ。

(1) 方程式 $x=\dfrac{3x+2}{x+2}$ ……②の解を $\alpha, \beta\,(\alpha>\beta)$ とおくと，$\alpha=$ ［ア］，$\beta=$ ［イウ］ である。

(2) 数列 $\{b_n\}$ を $b_n=\dfrac{a_n-\alpha}{a_n-\beta}$ ……③ $(n=1, 2, 3, \cdots)$ で定義するとき，数列 $\{b_n\}$ が等比数列となることを，次のように示そう。

$b_{n+1}=\dfrac{a_{n+1}-\alpha}{a_{n+1}-\beta}$ に①と α, β の値を代入すると，

$b_{n+1}=\dfrac{1}{\boxed{エ}}\times\dfrac{a_n-\boxed{ア}}{a_n-\boxed{イウ}}$ となる。よって，数列 $\{b_n\}$ は

初項 $b_1=$ ［オカ］，公比 $\dfrac{1}{\boxed{エ}}$ の等比数列である。

(3) (2) の結果を用いて，一般項 a_n を求めると $a_n=\dfrac{2-\boxed{キ}\,\boxed{ク}^{-2n}}{1+\boxed{ケ}\,\boxed{コ}^{-2n}}$ $(n=1, 2, 3, \cdots)$ となる。ここで，a_n と α と β の式との次の各不等式⓪～③の中で最も適したものを選ぶと ［サ］ である。

⓪ $\beta<a_n<\alpha-1$	① $\beta+1\leqq a_n<\alpha$
② $\beta+2<a_n<\alpha+1$	③ $-\alpha+1<a_n\leqq\beta$

ヒント！ (1), (2) では②の特性方程式を解いて求めた解 α, β を用いて，新たな数列 $\{b_n\}$ を③のように定義すると，これは等比数列になる。よって，一般項 b_n を求めよう。(3) では b_n の式から a_n の一般項を求め，この存在範囲を調べればいいんだね。頑張ろう！

解答＆解説

(1) $a_1=0$, $a_{n+1}=\dfrac{3a_n+2}{a_n+2}$ ……① $(n=1, 2, 3, \cdots)$

について，この特性方程式：$x=\dfrac{3x+2}{x+2}$ を解くと，

$(x-2)(x+1)=0$ より，$x=2,\ -1$

$\therefore\ \alpha=2,\ \beta=-1$ ……………………(答)(ア，イウ)

(2) $b_n=\dfrac{a_n-2}{a_n+1}$ ……③ $(n=1, 2, 3, \cdots)$ とおくと，

$$b_{n+1}=\frac{a_{n+1}-2}{a_{n+1}+1}=\frac{\dfrac{3a_n+2}{a_n+2}-2}{\dfrac{3a_n+2}{a_n+2}+1}$$

分子･分母に a_n+2 をかける。

$$=\frac{3a_n+2-2(a_n+2)}{3a_n+2+a_n+2}=\frac{a_n-2}{4(a_n+1)}$$

$$=\frac{1}{4}\cdot\underbrace{\frac{a_n-2}{a_n+1}}_{b_n}$$ ……………………………(答)(エ)

よって，$b_{n+1}=\dfrac{1}{4}b_n$ であり，$b_1=-2$ より，

数列 $\{b_n\}$ は，初項 $b_1=-2$，公比 $\dfrac{1}{4}$ の等比数列

である。…………………………………(答)(オカ)

(3) よって，$b_n=(-2)\cdot\left(\dfrac{1}{4}\right)^{n-1}$

$=-2^{3-2n}$ ……④ $(n=1, 2, 3, \cdots)$

よって，$b_n=\dfrac{a_n-2}{a_n+1}$ ……③ より，

$a_n=\dfrac{2+b_n}{1-b_n}=\dfrac{2-2^{3-2n}}{1+2^{3-2n}}$ …⑤ $(n=1, 2, 3, \cdots)$

……(答)(キ，ク，ケ，コ)

ココがポイント

⇦ ①の a_n と a_{n+1} に x を代入したものが特性方程式だ。

⇦ $x(x+2)=3x+2$

$x^2-x-2=0,\ (x-2)(x+1)=0$

$\therefore\ x=\underbrace{2}_{\alpha},\ \underbrace{-1}_{\beta}$

⇦ n の代わりに $n+1$ とおいて，a_{n+1} に①を代入して変形する。

⇦ $b_1=\dfrac{a_1-2}{a_1+1}=\dfrac{0-2}{0+1}=-2$

⇦ $b_n=(-2)\cdot\left(\dfrac{1}{4}\right)^{n-1}$

$=-2\cdot2^{-2(n-1)}$

$=-2^{1-2n+2}=-2^{3-2n}$

⇦ $b_n\cdot(a_n+1)=a_n-2$

$(1-b_n)a_n=b_n+2$

$a_n=\dfrac{2+b_n}{1-b_n}$

ここで，$2^{3-2n}>0$ より，

$a_n=\dfrac{2-2^{3-2n}}{1+2^{3-2n}}<\dfrac{2-0}{1+0}=2=\alpha$ である。

また，$n\to\infty$ のとき $2^{3-2n}\to+0$ より，

$n=1,\ 2,\ 3,\ \cdots$ と n を大きくすると，a_n は単調に増加する。そして $a_1=0$ より，

$n=1,\ 2,\ 3,\ \cdots$ のとき，a_n は，

$0\leqq a_n<2$ をみたす。 ∴① ………………(答)(サ)

$\beta+1$ 　 α

⇦ $n\to$㊅のとき，

大　小

$a_n=\dfrac{2-2^{3-2n}}{1+2^{3-2n}}$ より，

小　小

a_n は単調に増加する。

◆Term・Index◆

あ行

か行

さ行

た行

な行

は行

ま行

や行

ら行

2025年度版　快速！解答
共通テスト数学II・B・C
Part 2

マセマ

著　者　馬場 敬之
発行者　馬場 敬之
発行所　マセマ出版社

〒 332-0023 埼玉県川口市飯塚 3-7-21-502
TEL 048-253-1734　FAX 048-253-1729
Email：info@mathema.jp
https://www.mathema.jp

編　集	清代 芳生
校閲・校正	高杉 豊　馬場 貴史　秋野 麻里子
制作協力	久池井 茂　久池井 努　印藤 治
	滝本 隆　野村 烈　町田 朱美
	間宮 栄二
カバー作品	馬場 冬之　児玉 篤
本文イラスト	児玉 則子
ロゴデザイン	馬場 利貞
印刷所	中央精版印刷株式会社

令和 2 年 6 月 11 日　初版発行
令和 3 年 6 月 16 日　改訂 1　4 刷
令和 4 年 6 月 17 日　改訂 2　4 刷
令和 5 年 6 月 14 日　2024 年度版　初版発行
令和 6 年 5 月 21 日　2025 年度版　初版発行

ISBN978-4-86615-338-4 C7041

落丁・乱丁本はお取りかえいたします。